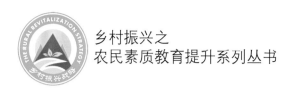

乡村振兴之
农民素质教育提升系列丛书

苹果 病虫害诊断与防治图谱

◎ 邹宗峰　于　凯　主编

U0348689

中国农业科学技术出版社

图书在版编目（CIP）数据

苹果病虫害诊断与防治图谱/邹宗峰，于凯主编.—北京：中国
农业科学技术出版社，2019.7
乡村振兴之农民素质教育提升系列丛书
ISBN 978-7-5116-4313-1

Ⅰ.①苹… Ⅱ.①邹… ②于… Ⅲ.①苹果—病虫害防治—图谱
Ⅳ.①S436.611-64

中国版本图书馆 CIP 数据核字（2019）第 149062 号

责任编辑　张志花
责任校对　李向荣

出 版 者　中国农业科学技术出版社
　　　　　北京市中关村南大街12号　　　邮编：100081
电　　话　（010）82106636（编辑室）（010）82109702（发行部）
　　　　　（010）82109709（读者服务部）
传　　真　（010）82106631
网　　址　http：//www.castp.cn
经 销 者　全国各地新华书店
印 刷 者　固安县京平诚乾印刷有限公司
开　　本　880mm×1 230mm　1/32
印　　张　3.75
字　　数　90千字
版　　次　2019年7月第1版　　2019年7月第1次印刷
定　　价　30.00元

《苹果病虫害诊断与防治图谱》

·················· 编委会 ··················

主　编	邹宗峰	于　凯		
副主编	刘英智	任　强	宋雷鸣	缪玉刚
	卢传兵	曹欣然		
编　委	孟祥谦	曲诚怀	赵　钢	曲在亮
	杨福丽	高一凤	周瑞军	鲁志弘
	崔丽君	孙　鹏	孙淑建	赵严港
	宋兆本	王利平	孙冬梅	高坤金
	姜训刚			

PREFACE 前　言

　　我国农作物病虫害种类多而复杂。由于全球气候变暖、耕作制度变化、农产品贸易频繁等多种因素的影响，我国农作物病虫害此起彼伏，新的病虫不断传入，田间为害损失逐年加重。许多重大病虫害一旦暴发，不仅对农业生产带来极大损失，而且对食品安全、人身健康、生态环境、产品贸易、经济发展乃至公共安全都有重大影响。因此，增强农业有害生物防控能力并科学有效地控制其发生和为害就成为当前非常急迫的工作。

　　由于病虫防控技术要求高，时效性强，加之目前我国从事农业生产的劳动者，多数不具备病虫害识别能力，因混淆病虫害而错用或误用农药造成防效欠佳、残留超标、污染加重的情况时有发生，迫切需要一部图文并茂、通俗易懂的专业图书，来指导农民科学防控病虫害。鉴于此，我们组织全国各地经验丰富的专业技术人员编写了一套病虫害防治图谱。

　　本书为《苹果病虫害诊断与防治图谱》，精选了对苹果产量和品质影响较大的18种侵染性病害、7种生理性病害和18种虫害，以大量高清实拍图片配合文字辅助说明的方式从病虫害为害症状、形态特征、发生规律和防治方法等方面进行讲解。

　　本书图文并茂、通俗易懂、科学实用，适合各级农业技术人员和广大农民阅读，也可作为植保科研、教学工作者的参考用书。需要说明的是，书中病虫害的农药使用量及浓度，可能会因为苹果的生长区域、品种特点及栽培方式的不同而有一定的区别。在实际使用中，建议以所购买产品的使用说明书为准。

　　由于时间仓促，水平有限，书中存在的不足之处，欢迎指正，以便重印或再版时修订。

CONTENTS **目 录**

第一章
苹果侵染性病害

一、苹果干腐病

苹果干腐病是为害苹果枝干和果实的重要病害，也是栽树成活率低和幼树死树的重要原因。该病害主要分布在山东、河北、山西、陕西和辽宁等省的苹果产地。

（一）病害特征

在枝干上，主要形成溃疡型和枝枯型两种症状类型。

1. 溃疡型

发病初期，多在树干或主枝基部容易被太阳光直接照射部位的树皮上，渗出黑水或黑色黏稠状液体，呈片状或油滴状黏着在树体表面。用刀刮削病部树皮，呈现出暗褐色或紫褐色，形状不规整，湿润，质地较硬，削面上有清晰白色木质纤维，一般没烂到木质部。病部失水后，树皮干缩凹陷，外表变成黑褐色，周边开裂，常翘起、脱落。发生严重时，许多病斑相互连接，造成浅层树皮大片坏死，局部病皮可烂到木质部，树势明显削弱。发病后期，病皮表面密生黑色小粒点（图1-1）。

2. 枝枯型

衰老树的大枝或一般树上的弱枝发生干腐病，常表现为枝枯型症状。树皮上的病斑呈紫褐色，不往外渗出黑褐色黏液，而是树皮成片枯死，扩展迅速，深达木质部。有时大枝锯口下部一侧的树皮上下常成条状坏死，后期失水凹陷，病健树皮交界处开裂。小枝发病，树皮变成黑褐色，干硬，边缘不明显，形状不规整，发展很快，烂一圈后枝条枯死（图1-2）。果实受害，常形成轮纹状腐烂。

图1-1　溃疡型症状

图1-2　枝枯型症状

（二）发生规律

病菌以菌丝、分生孢子器和子囊壳在病部越冬。越冬后的菌丝体恢复活动，于春季干旱时继续扩展发病。分生孢子器成熟后，遇水或空气潮湿树皮结水时，涌出分生孢子。子囊孢子成熟后，从孢子器开口处弹射放出。病菌孢子随风雨传播，经树皮伤口、皮孔和死芽等部位侵入。在辽宁省的苹果产区，从5月中旬至11月均能发病，其中以5月下旬至6月中旬雨季来临前发病最重，7—8月进入雨季，发病明显减少，8月下旬后秋季开始干旱，发病再次增多，10月上中旬发病很少，11月发病结束。近些年随着气候变暖，在前一年秋雨很少、冬季降雪少、春天干旱和气温回升快的情况下，发病期大为提前。阳面山坡地的苹果树，2月下旬即开始发病，树干上渗出黑水，3月就开始大量发病。

（三）防治方法

1. 喷药预防

春季果树发芽前，喷洒铲除性杀菌剂，预防发病。常用药剂有10%果康宝100～150倍液，腐必清乳剂100倍液，3～5波美度石硫合剂。一般都结合防治枝干轮纹病、腐烂病和干腐病等枝干病害，进行兼治。

2. 清除病源

及时剪除树上病枯枝，集中烧毁。冬剪下来的枝条，应运出果园外，在雨季来临前烧完。

3. 及时刮治

大树发病，多限于树皮表层，宜采取片削方法去掉病皮，以防病斑不断扩大。也可采取划道办法，用切接刀尖沿病皮上下纵向划道，深度达病皮下的活树皮，划道之间相距0.5厘米左右，周围超过病皮边缘2～3厘米。刮治或划道后，病部充分涂10%果康宝15～20倍液，或843康复剂原液，以防止复发和加速下面长出新皮。

二、苹果腐烂病

（一）病害特征

与干腐病相似，腐烂病主要为害主干、主枝，也可为害侧枝、辅养枝及小枝，严重时还可侵害果实。

腐烂病的主要症状特点为：受害部位皮层腐烂，腐烂皮层有酒糟味，后期病斑表面散生小黑点（病菌子座），潮湿条件下小黑点上可冒出黄色丝状物（孢子角）。在枝干上，根据病斑发生特点分为溃疡型和枝枯型两种类型病斑。

果实受害，多为果枝发病后扩展到果实上所致。病斑红褐色，圆形或不规则形，常有同心轮纹，边缘清晰，病组织软烂，略有酒糟味。后期，病斑上也可产生小黑点及冒出黄丝，但比较少见（图1-3至图1-6）。

图1-3　病斑呈红褐色腐烂

图1-4　病枝上产生小黑点

图1-5　病株上的小枝枯死

图1-6　腐烂病在果实上的为害状

（二）发生规律

腐烂病是一种高等真菌性病害，病菌主要以菌丝、子座及孢子角在田间病株、病斑及病残体上越冬，属于苹果树上的习居菌。病斑上的越冬病菌可产生大量病菌孢子（黄色丝状物），主要通过风雨传播，从各种伤口侵染为害，尤其是带有死亡或衰弱组织的伤口易受侵害，如剪口、锯口、虫伤、冻伤、日灼伤及愈合不良的伤口等。病菌侵染后，当树势强壮时处于潜伏状态，病菌在无病枝干上潜伏的主要场所有落皮层、干枯的剪口、干枯的锯口、愈合不良的各种伤口、僵芽周围及虫伤、冻伤、枝干夹角等带有死亡或衰弱组织的部位。当树体抗病力降低时，潜伏病菌开始扩展为害，逐渐形成病斑。在果园内，腐烂病发生每年有两个为害高峰期，即"春季高峰"和"秋季高峰"。

（三）防治方法

1. 加强栽培管理，提高树体的抗病能力

科学结果量、科学施肥、科学灌水及保叶促根，以增强树势、提高树体抗病能力，是防治腐烂病的最根本措施。

2. 铲除树体带菌，减少潜伏侵染

落皮层、皮下干斑及湿润坏死斑、病斑周围的干斑、树权夹角皮下的褐色坏死点、各种伤口周围等，都是腐烂病菌潜伏的主要场所。及早铲除这些潜伏病菌，对控制腐烂病发生为害效果显著。

3. 及时治疗病斑

刮治病疤要做到随发现随刮治，坚持刮早、刮小，将危害控制在最小范围内。刮治时要刮净病部组织，并且刮掉病部周围

1～2厘米的健康皮层，深达木质部，切成立茬、梭形。刮后病疤要涂抹843康复剂、拂蓝克人工树皮膏剂、4%农抗120、1.8%噻霉铜水剂5倍液、3%腐殖酸铜原膏等进行伤口杀菌，然后用糊泥法、塑料薄膜包扎法、大伤疤桥接法、补皮法等措施保护伤口，促使伤口及时愈合。要将刮下的病皮集中收集，并带出果园深埋或者烧毁。

4. 化学防治

春季果树萌芽前和秋季果实采收后，全园喷施4～5波美度石硫合剂、25%丙环唑3 000倍液或45%代森铵400倍液及过氧乙酸等杀菌剂，铲除潜伏寄生在果园内的初侵染病原菌，防止腐烂病发生。

每年6—7月是果树落皮层产生期，也是病菌的主要侵染期，先刮除老翘皮，然后用渗透性强的内吸性杀菌剂，细致涂抹主干、主枝、枝杈等部位，把病菌杀灭在表皮层。药剂可选用50%菌毒清、腐必清涂剂、10波美度石硫合剂、25%丙环·多悬乳剂100倍液、45%代森铵水剂100倍液等。

三、套袋苹果黑点病

（一）病害特征

套袋苹果黑点病只发生在套袋苹果上，其主要症状特点是在果实表面产生一至数个褐色至黑褐色的小斑点。斑点多发生在萼洼处，有时也可产生在胴部、肩部及梗洼处。斑点只局限在果实表层，不深入果肉内部，也不能直接造成果实腐烂，仅影响果实的外观品质，不造成产量损失，但对果品价格影响较大。斑点自针尖大小至小米粒大小、玉米粒大小不等，常几个至数十个，连片后呈黑褐色大斑。斑点类型因病菌种类不同而分为黑点型、红点型及褐斑型3种（图1-7、图1-8）。

（二）发生规律

套袋苹果黑点病是一种高等真菌性病害，可由多种弱寄生性真菌引起。病菌在自然界广泛存在，通过气流及风雨进行传播。病菌不能侵害不套袋果实。套袋后，由于袋内温湿度的变化（温度高、湿度大）及果实抗病能力的降低（果皮幼嫩），而导致袋内果面上附着的病菌发生侵染，形成病斑。套袋前阴雨潮湿，散落在果面上的病菌较多，病害发生较重；使用劣质果袋可加重该病发生；有机肥及钙肥缺乏或使用量偏低也可加重病害发生；套袋前药剂喷洒不当是导致该病发生的主要原因。该病发生侵染后，多从果实生长中后期开始表现症状，造成果品质量降低。

图1-7　苹果萼洼处斑点

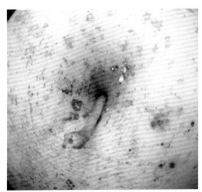

图1-8　苹果梗洼处斑点

（三）防治方法

1. 套袋前喷药预防

套袋果斑点病的防治关键为套袋前喷洒优质高效药剂，即套袋前5～7天内幼果表面应保证有药剂保护。为避免用药不当对幼果造成药害，套袋前必须选用安全有效农药。防病效果好且使用安全的药剂有30%戊唑·多菌灵悬浮剂800～1 000倍液、70%甲基托布津可湿性粉剂800～1 000倍液+80%代森锰锌可湿性粉剂800～1 000倍液、70%甲基托布津可湿性粉剂800～1 000倍液+50%美克菌丹可湿性粉剂600～800倍液、500克/升多菌灵悬浮剂600～800倍液+80%代森锰锌可湿性粉剂800～1 000倍液、3%多抗霉素可湿性粉剂400～500倍液等。

2. 其他措施

增施农家肥等有机肥及速效钙肥，可提高果实抗病性能。选择透气性强、遮光好、耐老化的优质果袋，适时进行果实套袋。

四、苹果褐腐病

苹果褐腐病，是果实成熟期和贮藏期常见的病害。各苹果产区均有发生，其中以秋雨较多的地区和年份，发病较重。

（一）病害特征

苹果褐腐病仅为害苹果果实。果实在近成熟期开始发病，在果面上多以伤口为中心，形成褐色浸渍状腐烂病斑。随着病斑的扩大，以病斑为中心，开始长出绒球状菌丝团。菌丝团黄褐色至灰褐色，一圈一圈地呈轮纹状排列。菌丝团上覆盖粉状物，为病菌的子实体。在条件适宜时，病斑很快扩展至全部果面，造成腐烂。病果质地较硬，具有弹性，略带土腥味。病果失水后，表面皱缩，变成黑色僵果。果实在贮藏期发病时，因见不到阳光，故病果表面不长出绒球状子实体（图1-9、图1-10）。

（二）发生规律

苹果褐腐病病菌在病僵果中越冬，第二年产生分生孢子，随风雨传播，经伤口和皮孔侵入果实，在果实近成熟期和贮藏期发病。贮藏期病果上的病菌可侵害相邻果实，使其发病。

秋季多雨、高温时，发病较重。

图1-9　表面散生的绒球状菌丝团　　　图1-10　褐色浸渍状腐烂病斑

（三）防治方法

第一，清除树上、树下的病僵果，予以集中深埋，以减少菌源。

第二，防止果实裂口及其他病虫伤。采收、运输和贮藏时，应尽量减少伤口，以防止病菌侵染。

第三，在果实近成熟期，喷50%多菌灵600～800倍液，或70%甲基托布津800～1 000倍液。

五、苹果斑点落叶病

苹果斑点落叶病，主要为害苹果叶片，是新红星等元帅系的重要病害。

（一）病害特征

春天，苹果落花后不久，在新梢的嫩叶上产生褐色至深褐色圆形斑，直径2～3毫米。病斑周围常有紫色晕圈，边缘清晰。随着气温的上升，病斑可扩大到5～6毫米，呈深褐色，有时数个病斑融合，成为不规则形状。空气潮湿时，病斑背面产生黑绿色至暗黑色霉状物，为病菌的分生孢子梗和分生孢子。中后期病斑常被叶点霉真菌等腐生，变为灰白色，中间长出小黑点，为腐生菌的分生孢子器。有些病斑脱落，穿孔。夏、秋季高温高湿，病菌繁殖量大，发病周期缩短，秋梢部位叶片病斑迅速增多，一片病叶上常有病斑一二十个，影响叶片正常生长，常造成叶片扭曲和皱缩，病部焦枯，易被风吹断，残缺不全。叶柄受害后，产生圆形至长椭圆形病斑，直径为3～5毫米，褐色至红褐色，稍凹陷，叶柄易从病斑处折断，造成叶片脱落（图1-11、图1-12）。

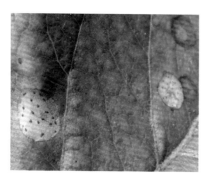

图1-11　叶片病斑

图1-12　大量叶片为害状

（二）发生规律

苹果斑点落叶病菌以菌丝形态，在受害叶片、枝条的病斑上，以及秋梢顶芽芽鳞中越冬。田间苹果树发病的情况是5月上中旬，树上新叶即开始出现病斑。6月上中旬，发病进入急增期，重病园病叶率可达20%左右，每叶平均病斑一个左右。6月下旬至7月上中旬，病叶上开始大量产生分生孢子，又值秋梢开始迅速生长期，不断长出嫩叶，病害进入发病盛期，平均每叶病斑达5个以上，发病重的叶片开始落叶。同时，病菌反复进行再侵染，使秋梢不断发病。至8月中下旬，仍处于发病盛期，病叶不断脱落，重者仅剩秋梢顶端刚长出的几片新叶和基部春梢上的一些老叶。

（三）防治方法

1. 清除病源

秋季苹果树落叶后至春季果树展叶前，仔细清扫园内病落叶，予以集中烧毁。结合冬季修剪和夏季修剪，剪除树上的内膛徒长枝，以清除枝条上的病斑和病斑过多的病叶，压低园内病原菌密度。

2. 加强栽培管理

按栽培上的要求，合理修剪和施肥，可以保持果园通风透光良好，降低树冠内湿度，减少叶面结水时间，同时保持树势健壮，提高树体抗落叶的能力。

3. 化学防治

根据病害的发生规律，新红星等极易感染斑点落叶病品种，应在落花后10多天平均病叶率达5%左右时，用专用药剂进行第一次喷洒。当春梢病叶率平均在20%～30%时，再喷一次专用药剂。在秋梢阶段，病叶率达到50%和70%左右时，再喷专用药剂。其他时间，结合防治果实轮纹病和叶上褐斑病，进行兼治。常用专用药剂种类及用药浓度为10%多氧霉素1 000～1 500倍液，3%多抗霉素300～500倍液，50%腐霉利1 000～1 500倍液。

六、苹果花叶病

（一）病害特征

苹果花叶病，主要在叶片上形成不同类型的褪绿鲜黄色病斑。根据病毒株系和病情轻重的不同，苹果花叶病大致可分为5种症状类型。

1. 斑驳型

病斑从小叶脉开始发生，形状不规则，大小不一致，边缘清晰，呈鲜黄色。有时数个病斑融合成大病斑，是花叶病中最常见的一种症状类型。

2. 环斑型

叶片上产生圆形、椭圆形或近圆形黄色环斑，或近似环状斑纹。病叶出现得最晚，数量也较少。

3. 花叶型

病斑不规则，有较大的深绿和浅绿相间的色斑，边缘不清晰。病斑发生得较晚，数量较大。

4. 条斑型

病斑沿叶脉失绿黄化，并蔓延到附近叶肉。有时仅主脉和支脉黄化，变色部分较宽；有时主脉和小叶脉都呈较窄的黄化，如网状纹。病斑发生较晚。

5. 镶边型

病叶边缘发生黄化，形成很窄的一条黄色镶边。其他部位正常。

在田间自然条件下，各种类型常发生在同一株树甚至同一叶片上。各类型间还有一些中间型。有时症状比较隐蔽（图1-13）。

图1-13　苹果花叶病叶片的各种症状

（二）发生规律

苹果花叶病毒主要靠嫁接传染，病害潜育期为3～27个月。苹果树一旦感染花叶病后，病毒在树体内不断增殖，使全树带有病毒，终生造成为害。接穗或砧木是病害主要侵染来源。种子一般不传染，但在自然条件下，海棠种子实生苗偶尔有花叶现象。果园中病树有缓慢增长趋势。

田间发病，从春天展叶后不久即出现症状，病情发展迅速，7—8月炎热期，病害停止发展，秋季又短期恢复发病。发病严重时，5月下旬即可出现落叶。不同苹果品种的感病性明显不同。高度感病的，有金冠、富士、秦冠和青香蕉等，轻度感病的，有红星和元帅等品种。

（三）防治方法

第一，苹果育苗时，需用无病毒接穗和种子实生苗作砧木，不能用根蘗苗作砧木。在苗圃发现有花叶病苗时，应立即拔除。

第二，加强病树的肥水管理，提高树体抗病能力。对重病树和花叶病幼树，应予刨除，改栽无病树，以防后患。目前，尚无根治花叶病的药剂。即便使用了一些药剂，那也只能暂时缓解或抑制病害症状的显现。

七、苹果花脸病

（一）病害特征

苹果花脸病是苹果果锈病中的一种表现病症。病果着色后表现明显症状，在果面上散生许多不着色的近圆形黄绿色斑块，使果面呈红绿相间的"花脸"状。不着色部分稍凹陷，果面略显凹凸不平。在元帅系品种、富士系品种上表现较多（图1-14至图1-16）。

图1-14　红绿相间的花　　图1-15　不着色的苹果　　图1-16　不着色处凹
　　　　脸状　　　　　　　　　　　　　　　　　　　　　　陷状

（二）发生规律

苹果花脸病是一种全株性的类病毒病害，病树全株带毒、终生受害，全树果实发病。在果园内主要通过嫁接（无论接穗带毒还是砧木带毒均可传病和病健根接触传播，也有可能通过修剪工具接触传播。

（三）防治方法

苹果花脸病目前还没有切实有效的治疗方法，主要应立足于预防。培育和利用无病苗木或接穗，禁止在病树上选取接穗及在病树上扩繁新品种，是防止该病发生与蔓延的根本措施。新建果园时，避免苹果、梨混栽。发现病树后，应立即消除病树，防止蔓延，但不建议立即刨除，应先用高剂量除草剂草铵膦将病树彻底杀死，再从基部锯除，两年后再彻底刨除病树根，以防刨树时造成病害传播。果园作业时，病、健树应分开修剪，避免使用修剪过病树的工具修剪健树，防止可能的病害传播。

八、苹果炭疽叶枯病

（一）病害特征

炭疽叶枯病是近两年来在黄河故道地区新发生的一种严重病害，主要为害叶片，造成大量早期落叶，严重时还可为害果实。

叶片受害，初期产生深褐色坏死斑点，边缘不明显，扩展后形成褐色至深褐色病斑，圆形、近圆形、长条形或不规则形，病斑大小不等，外围常有黄色晕圈，病斑多时叶片很快脱落；在高温高湿的适宜条件下，病斑扩展迅速，1～2天即可蔓延至整张叶片，使叶片变褐色至黑褐色坏死，随后病叶失水焦枯、脱落，病树2～3天即可造成大量落叶。环境条件不适宜时，病斑较小，有时单叶片上病斑较多，症状表现酷似褐斑病为害，但该病叶在30℃下保湿1～2天后病斑上可产生大量淡黄色分生孢子堆，这是与褐斑病的主要区别。

果实受害，初为红褐色小点，后发展为褐色圆形或近圆形病斑，表面凹陷，直径多为2毫米左右，周围有红褐色晕圈，病斑下果肉呈褐色海绵状，深约2毫米。后期病斑表面可产生小黑点，与炭疽病类似，但病斑小，且不造成果实腐烂（图1-17至图1-21）。

图1-17　炭疽叶枯病叶片初期病斑

图1-18　炭疽叶枯病叶片严重病斑

图1-19　果实红褐色小点

图1-20　褐色圆形病斑

图1-21　炭疽叶枯病造成大量落叶和落果

（二）发生规律

炭疽叶枯病是一种高等真菌性病害，病菌可能主要以菌丝体及子囊壳在病落叶上越冬，也有可能在病僵果、果薹及干枝上越冬。第二年产生大量病菌孢子（子囊孢子及分生孢子），通过气流（子囊孢子）及风雨（分生孢子）进行传播，从皮孔或直接侵染为害。一般条件下潜育期7天以上，但在高温高湿的适宜环境下潜育期很短，发病很快；在试验条件下，30℃仅需2小时保湿就能完成侵染过程。该病潜育期短，再侵染次数多，流行性很强，特别在高温高湿环境下常造成大量早期落叶，导致发二次芽、开二次花。

降雨是炭疽叶枯病发生的必要条件，连阴雨易造成该病大发生，特别是7—9月的降雨影响最大。苹果品种间抗病性有很大差异，嘎啦、金冠、秦冠最易感病，富士系列品种较抗病。

（三）防治方法

1. 搞好果园卫生，消灭越冬菌源

落叶后至发芽前，先树上、后树下彻底清除落叶，集中销毁或深埋。之后在发芽前喷洒1次铲除性药剂，铲除残余病菌，并注意喷洒果园地面；如果当年病害发生较重，最好在落叶后冬前提前喷洒1次清园药剂。清园有效药剂有77%硫酸铜钙可湿性粉剂300～400倍液、60%铜钙·多菌灵可湿性粉剂300～400倍液及1:1:100倍波尔多液等。

2. 加强栽培管理

增施农家肥等有机肥，科学配合施用速效化肥，培强树势，提高树体抗病能力。合理修剪，促使果园通风透光，雨季注意及时排水，降低园内湿度，创造不利于病害发生的环境条件。

3. 及时喷药防治

在7—9月的雨季，根据天气预报及时在雨前喷药防病，特别

是在将要出现连阴雨时尤为重要，10～15天1次，保证每次出现超过2天的连阴雨前叶片表面都有药剂保护。效果较好的药剂有80%代森锰锌可湿性粉剂800～1 000倍液、70%丙森锌可湿性粉剂600～800倍液、30%戊唑·多菌灵悬浮剂1 000～1 200倍液、77%硫酸铜钙可湿性粉剂600～800倍液、60%铜钙·多菌灵可湿性粉剂600～800倍液及1∶2∶200倍波尔多液等。需要注意，硫酸铜钙、铜钙·多菌灵及波尔多液均为含铜杀菌剂，只能在苹果全套袋后使用。

九、苹果炭疽病

苹果炭疽病，又称苹果苦腐病。在全国各苹果产区均有发生，尤其是夏季高温、多雨、潮湿的地区和年份，发病更为严重。

（一）病害特征

苹果炭疽病主要为害果实。果实发病初期，在果面上产生针头大小的淡褐色小斑点，圆形，边缘清晰。之后，逐渐扩大成褐色或深褐色病斑，病斑表面凹陷。病果肉茶褐色，软腐，微带苦味，从果面往果肉里成圆锥状腐烂，与好果肉之间界限明显。当病斑直径达到1～2厘米时，其表皮中间开始产生黑色长条形的突起小粒点，呈同心轮纹状排列。此为病菌的分生孢子盘。一个病果上的病斑数目不等，从二三个到数十个，但只有少数病斑扩大，其他病斑仅限于1～2毫米大小，呈褐色至暗褐色凹陷干斑。继续扩大的病斑可烂到果面的1/3～1/2，几个病斑相连后使全果腐烂。病斑失水后，染病苹果变成僵果，落地或挂在树上（图1-22、图1-23）。

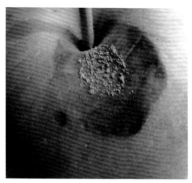

图1-22　同心轮纹状病斑　　　　　　图1-23　褐色凹陷病斑

（二）发生规律

病菌以菌丝形态在病枯枝、小僵果、死果台及潜皮蛾等为害枝上越冬，也可在果园周围刺槐等防风林上越冬。翌年生长季节，温度、湿度适宜时，开始产生分生孢子，借雨水和昆虫传播，成为初侵染来源。

高温多雨，是此病害发生和流行的重要条件。果实生长前期温度高，雨水多，空气湿度大，有利于病菌孢子的形成、传播和侵入；7—8月，高温多雨，有利于病斑的扩展和病菌的再侵染。

地势低洼、排水不良、树冠郁闭、树上干枯枝和病僵果多的果园发病重。否则发病较轻。品种间发病差异明显，老品种国光、赤阳、大国光和红玉等发病重；新红星、元帅、富士、乔纳金和金冠等发病轻。

（三）防治方法

1. 农业防治

结合修剪，认真剪除树上的病僵果、死果台和病枯枝。在夏、秋季，及时摘除树上的发病果，防止病菌再侵染。避免用刺槐做果园防风林，以减少病菌来源。

2. 化学防治

春季果树发芽前，对全树喷一次铲除性杀菌剂。在生长期，从幼果期开始喷药，对感病品种每隔15～20天喷一次药。至8月中旬左右，喷药结束。对发病轻的品种，可适当减少喷药次数，一般结合防治果实轮纹病进行兼治，不用再另外喷药。发芽前的铲除性杀菌剂，常用的有10％果康宝100～150倍液，腐必清乳剂100倍液，3～5波美度石硫合剂。一般都结合防治枝干轮纹病、腐烂病和干腐病等枝干病害，进行兼治。

生长期喷药，为防止幼果期出现药害，可与防治果实轮纹病结合，喷80％代森锰锌800倍液、50％多菌灵600倍液、70％甲基托布津800倍液。在雨季病菌大量传播和侵染期，结合防治轮纹烂果病，喷50％多菌灵800倍液加80％三乙膦酸铝700倍液；也可以喷1∶2.5～3∶200倍式波尔多液。对往年炭疽病发生重的果园，也可以喷25％溴菌腈300～500倍液，这对轮纹病也有一定兼治作用。

十、苹果轮斑病

苹果轮斑病，又称苹果大星病，主要为害苹果叶片。在各苹果产区均有发生，一般为害不重。

（一）病害特征

苹果轮斑病多发生在叶片边缘，也有的发生在叶片中脉附近。发病初期，在叶片上形成褐色小斑点，后逐渐扩大成半圆形或椭圆形病斑。病斑褐色至暗褐色，上具深浅相间的轮纹，边缘整齐。大病斑的直径为0.5～1.5厘米。常数斑融合成不规整形，扩及大半张叶片时，可造成叶片焦枯。天气潮湿时，病斑背面产生墨绿色霉状物。此为病原菌的分生孢子梗和分生孢子（图1-24至图1-27）。

图1-24　半圆形病斑

图1-25　椭圆形病斑

图1-26　叶片边缘上的病斑

图1-27　病斑上产生霉状物

（二）发生规律

病菌以菌丝形态在病叶中过冬。翌年春天，开始产生分生孢子，随风雨传播，从叶片的雹伤、风磨伤、虫伤、日灼伤、药害及其他伤口侵入。北方果区在6—9月发病，以7—8月暴风雨多时易发生。在河南省西部苹果区，5月上旬至10月均可发生，夏季高温多雨时发生重。各地均在叶片受雹伤和暴风雨后，发病较多。

（三）防治方法

春季果树发芽前，对全树喷一次铲除性杀菌剂。在生长期，从幼果期开始喷药，对感病品种每隔15~20天喷一次药。至8月中旬左右，喷药结束。对发病轻的品种，可适当减少喷药次数，一般结合防治果实轮纹病进行兼治，不用再另外喷药。

发芽前的铲除性杀菌剂，常用的有10%果康宝100~150倍液，腐必清乳剂100倍液，3~5波美度石硫合剂。一般都结合防治枝干轮纹病、腐烂病和干腐病等枝干病害，进行兼治。

生长期喷药，为防止幼果期出现药害，可与防治果实轮纹病结合，喷80%代森锰锌800倍液、50%多菌灵600倍液、70%甲基托布津800倍液。在雨季病菌大量传播和侵染期，结合防治轮纹烂果病，喷50%多菌灵800倍液加80%三乙膦酸铝700倍液；也可以喷1∶2.5~3∶200倍式波尔多液。对往年炭疽病发生重的果园，也可以喷25%溴菌腈300~500倍液，这对轮纹病也有一定兼治作用。

十一、苹果霉心病

苹果霉心病，又称苹果心腐病、果腐病和霉腐病。此病为害果实，造成果实心室发霉或果实腐烂，是元帅系、王林、北斗和局部地区的富士等品种的重要病害。

（一）病害特征

苹果霉心病在果实接近成熟期至贮藏期发生。其症状包括两种类型，一种是霉心类型，一种是心腐类型。发病初期，果实外观正常，但切开果实观察，病果果心有褐色、不连续的点状或条状小斑点，以后小斑点融合，成褐色斑块，心室中充满黑绿、灰黑、橘红和白色霉状物、使果心发霉，心室壁变成黑色，称为霉心。此后，果心中的一些霉状物能突破心室壁，向外面的果肉扩展，使果肉变成褐色或黄褐色，湿腐，并一直烂到果皮之下。有时果肉干缩，呈海绵状，具苦味，不堪食用。将烂到果肉这种类型称为心腐（图1-28、图1-29）。

图1-28　霉心类型

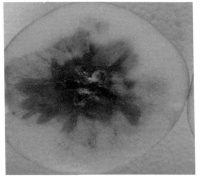
图1-29　心腐类型

（二）发生规律

引起苹果霉心病的病菌，多为腐生性很强的真菌，在自然界分布很广。在果园里多在树体表面、枯死小枝、树上树下的僵果、杂草、落叶、土壤表层及周围植被上等普遍存在。春天，当气温和湿度适宜时，病菌即开始产生分生孢子，借气流和雨水传播。苹果花瓣开放后，雌蕊、雄蕊、萼筒及部分花瓣等花器组织，很快感染霉心病菌，到落花期，雌蕊柱头基本都被链格孢菌所感染。病菌再经过开放或褐变枯死的萼心间组织（萼筒至心室间的心皮维管束组织），侵入到果实心室，造成心室发霉和果心腐烂。

（三）防治方法

1. 栽培抗病品种

选用萼心间组织较严密品种进行栽培。这是防治霉心病的基本途径。

2. 加强栽培管理

苹果采收后，清除苹果园内病果、落果和落叶，予以集中烧毁或深埋。过冬前，对苹果园进行冬翻。加强肥水管理，合理修剪，改善树冠内通风透光条件。

3. 生长期喷药预防病菌感染

在苹果生长期，应抓住以下3个关键喷药时期。

（1）花芽开始露红期。在苹果花芽开始露红期，结合防治苹果白粉病、套袋果黑点病和山楂叶螨，喷洒45%硫悬浮剂300~400倍液，或喷7.2%甲硫酮400~500倍液，以铲除树皮、干枯枝上产生的病菌分生孢子。

（2）初花期。在苹果初花期，喷洒对坐果率无影响的10%多氧霉素1 500倍液，以杀灭在花器上的病菌。

（3）幼果期。在苹果落花后7~10天的苹果幼果期，结合防治果实轮纹病，喷洒50%多菌灵600倍液，或70%甲基托布津800倍液、80%代森锰锌800倍液、40%氟硅唑8 000~10 000倍液、7.2%甲硫酮300~400倍液、70%多菌灵·乙磷铝混剂500~600倍液。

4. 改善贮藏条件

苹果采收后，立即放到15℃以下库内短期预贮。然后，放入气调冷库中贮藏。

十二、苹果轮纹病

（一）病害特征

苹果轮纹病不仅为害枝干，还为害果实。

枝干受害，初期以皮孔为中心形成瘤状突起，然后在突起周围逐渐形成一近圆形坏死斑，秋后病斑周围开裂成沟状，边缘翘起呈马鞍形；第二年病斑上产生稀疏的小黑点，同时病斑继续向外扩展，在环状沟外又形成一圈环形坏死组织，秋后该坏死环外又开裂、翘起……这样，病斑连年扩展，即形成了轮纹状病斑。

果实发病，多从近成熟期开始，初以皮孔为中心产生淡红色至红色斑点，扩大后成淡褐色至深褐色腐烂病斑，圆形或不规则形；典型病斑有颜色深浅交错的同心轮纹，且表面不凹陷。病果腐烂多汁，没有特殊异味。病斑颜色因品种不同而有一定差异：一般黄色品种颜色较淡，多呈淡褐色至褐色；红色品种颜色较深，多呈褐色至深褐色。套袋果腐烂病斑颜色一般较淡。后期，病部多凹陷，表面可散生许多小黑点。病果易脱落，严重时树下落满一层（图1-30、图1-31）。

（二）发生规律

枝干轮纹病是一种高等真菌性病害，病菌主要以菌丝体和分生孢子器（小黑点）在枝干病斑上越冬，并可在病组织中存活4~5年。生长季节，病菌产生大量孢子（灰白色黏液），主要通过风雨进行传播，从皮孔侵染为害。当年生病斑上一般不产生小黑点（分生孢子器）及病菌孢子，但衰弱枝上的病斑可产生小黑点（很难产生病菌孢子）。老树、弱树及衰弱枝发病重；有机肥使用量小，土壤有机质贫乏的果园病害发生严重；管理粗放、土壤瘠薄的果园受害严重；枝干环剥可以加重该病的发生；富士苹果枝干轮纹病最重。

病菌幼果期开始侵染，侵染期很长；果实近成熟期开始发病，采收期严重发病，采收后继续发病；果实发病前病菌即潜伏在皮孔（果点）内。

图1-30 苹果轮纹病病枝　　　　图1-31 苹果轮纹病病果

（三）防治方法

1.加强栽培管理

增施农家肥、粗肥等有机肥，按比例科学施用氮、磷、钾、钙肥；科学结果量，科学灌水；尽量少环剥或不环剥；新梢停止生长后及时叶面喷肥（尿素300倍液+磷酸二氢钾300倍液）；培强树势，提高树体抗病能力。

2. 刮治病瘤，铲除病菌

发芽前，刮治枝干病瘤，集中销毁病残组织。刮治轮纹病瘤时，应轻刮，只把表面硬皮刮破即可，然后涂药，杀灭残余病菌。效果较好的药剂有：甲托油膏［70%甲基托布津可湿性粉剂∶植物油=1∶（20～25）］、30%戊唑·多菌灵悬浮剂100～150倍液、60%铜钙·多菌灵可湿性粉剂100～150倍液等。需要注意，甲基托布津必须使用纯品，不能使用复配制剂，以免发生药害，导致死树；树势衰弱时，刮病瘤后不建议涂甲托油膏。

3. 喷药铲除残余病菌

发芽前，全园喷施1次铲除性药剂，铲除树体残余病菌，并保护枝干免遭病菌侵害。常用有效药剂有：30%戊唑·多菌灵悬浮剂400～600倍液、60%铜钙·多菌灵可湿性粉剂400～600倍液、77%硫酸铜钙可湿性粉剂300～400倍液、45%代森铵水剂200～300倍液等。喷药时，若在药液中混加有机硅类等渗透助剂，对铲除树体带菌效果更好；若刮除病斑后再喷药，铲除杀菌效果更佳。

4. 喷药保护果实

从苹果落花后7～10天开始喷药，到果实套袋或果实皮孔封闭后（不套袋果实）结束，不套袋苹果喷药时期一般为4月底或5月初至8月底或9月上旬。具体喷药时间需根据降雨情况而定，尽量在雨前喷药，雨多多喷，雨少少喷，无雨不喷。套袋苹果一般需喷药3～4次（落花后至套袋前），不套袋苹果一般需喷药8～12次。以选用耐雨水冲刷药剂效果最好。药剂可选用70%甲基托布津粉剂800倍、70%代森锰锌可湿性粉剂1 000～1 500倍、70%甲基硫菌灵可湿性粉剂1 000倍、50%多菌灵可湿性粉剂1 000倍，交替使用，效果更好。

十三、苹果白粉病

（一）病害特征

苹果白粉病可为害叶片、新梢、花朵、幼果和休眠芽。

受害的休眠芽外形瘦长，顶端尖细，芽鳞松散，有时不能合拢。病芽表面茸毛较少，呈灰褐色至暗褐色。受害严重时，干枯死亡。春季病芽萌发后，叶丛较正常的细弱，生长迟缓，不易展开，长出的新叶略带紫褐色，皱缩畸形，叶背有疏散白粉。随着新梢的生长和病叶的长大，叶背面的白粉层更为明显，并蔓延到叶片的正、反两面。同时，病叶较健叶狭长，叶缘常有波状皱褶，叶面不平展，后期叶缘往往焦枯坏死，成黄褐色。生长期受感染的叶片，背面形成白粉状斑块，叶片正面色发黄，深浅不均，叶面皱缩，呈不平展状态。

花芽受害，严重者春天花蕾不能开放，萎缩枯死。受害轻的能开花，但萼片和花梗为畸形，花瓣狭长，色淡绿。受害花的雌、雄蕊失去作用，不能授粉坐果，最后干枯死亡。

新梢感病后，病部表层覆盖一层白粉，节间短，长势细弱，生长缓慢。以后病梢上的叶片大多干枯脱落，仅留下顶部的少数幼嫩新叶。受害严重时，病梢部位变褐枯死。初夏以后，白粉层脱落，病梢表面显出银灰色。有些年份和地区，病梢的叶腋、叶柄和叶背主脉附近，产生蝇粪状小黑点。此为病菌的闭囊壳。

果实发病，多从幼果期开始，在萼洼或梗洼部位产生白色粉斑，不久变成不规整网状锈斑。病斑表皮硬化，后期可形成裂纹或裂口（图1-32至图1-34）。

图1-32　白粉病叶片受害状

图1-33　白粉病嫩梢受害状

图1-34　白粉病嫩梢和花苞受害状

（二）发生规律

苹果白粉病菌以休眠菌丝，在芽的鳞片间或鳞片内越冬。枝条的顶芽带菌率明显高于侧芽，第一侧芽又高于第二侧芽，至第四侧芽往下的芽，基本不再受害。秋梢的带菌率明显高于春梢。短果枝、中果枝和发育枝的带菌率，依次递减。在芽的形成过程中，病菌通过病叶及病梢上的菌丝和分生孢子，在芽的外部鳞片未合拢包封之前，侵入芽内。

白粉病每年春、秋季有两次发病高峰。夏季，因高温而暂停发病。春季温暖干旱，有利于前期发病；夏季凉爽，秋季晴朗，有利于后期发病。栽植密度大，树冠郁闭，通风透光不良，偏施氮肥，枝条纤弱的果园，发病重。修剪时枝条不打头，长放，保留大量越冬病芽的，发病重。

品种与发病关系密切，老品种倭锦、红玉、柳玉、国光和金冠等发病重；元帅、新红星和秦冠等发病轻。

（三）防治方法

1. 清除病源

冬剪时，尽量剪除病芽和病梢，减少越冬菌源。在花芽现蕾期，结合复剪，剪除病叶丛，带出园外烧掉。

2. 加强栽培管理

合理密植，疏除树冠内的过密枝。多施有机肥和磷、钾肥，避免偏施氮肥，增强苹果树的抗病能力。及时回缩、更新下垂枝和细弱延长枝，保持树体健壮。

3. 化学防治

苹果花芽露出1厘米左右长，即嫩叶尚没展开时，喷洒45%硫悬浮剂200倍液或15%三唑酮1 500倍液。落花70%和落花后10天时，再喷一次15%三唑酮1 500倍液，或12.5%烯唑醇2 000～2 500倍液，6%氯苯嘧啶醇1 000～1 500倍液，40%氟硅唑8 000倍液、

70%甲基托布津800倍液，0.3～0.5波美度石硫合剂等药液。

十四、苹果褐斑病

（一）病害特征

褐斑病主要为害叶片，造成早期落叶，有时也可为害果实。叶片发病后的主要症状特点是病斑中部褐色，边缘绿色，外围变黄，病斑上产生许多小黑点，病叶极易脱落。

褐斑病在叶片上的症状特点可分为三种类型。

1. 针芒型

病斑小，数量多，呈针芒放射状向外扩展，没有明显边缘，无固定形状，小黑点呈放射状排列或排列不规则。

2. 同心轮纹型

病斑近圆形，较大，直径多为6～12毫米，边缘清楚，病斑上小黑点排列成近轮纹状。

3. 混合型

病斑大，近圆形或不规则形，中部小黑点呈近轮纹状排列或散生，边缘有放射状褐色条纹或放射状排列的小黑点。

果实多在近成熟期受害，病斑圆形，褐色至黑褐色，直径为6～12毫米，中部凹陷，表面散生小黑点，仅果实表层及浅层果肉受害，病果肉呈褐色海绵状干腐，有时病斑表面发生开裂（图1-35至图1-39）。

图1-35 褐斑病造成严重落叶

图1-36 叶片针芒型病斑

图1-37 叶片同心轮纹型病斑

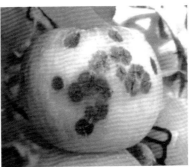

图1-38 叶片混合型病斑

图1-39 褐斑病果实受害状

（二）发生规律

褐斑病是一种高等真菌性病害，病菌主要以菌丝体在病落叶中越冬。第二年越冬病菌产生大量病菌孢子，通过风雨（雨滴反溅最为重要）进行传播，直接侵染叶片为害。树冠下部和内膛叶片最先发病，然后逐渐向上及外围蔓延。该病潜育期短，一般为6~12天（随气温升高潜育期缩短），在果园内有多次再侵染。褐斑病发生轻重，主要取决于降雨，尤其是5—6月的降雨情况，雨多、雨早病重，干旱年份病轻。另外，弱树、弱枝病重，壮树病轻；树冠郁闭病重，通风透光病轻；管理粗放果园病害发生早而重。多数苹果产区，6月上中旬开始发病，7—9月为发病盛期。降雨多、防治不及时时，7月中下旬即开始落叶，8月中旬即可落去大半，8月下旬至9月初叶片落光，导致树体发二次芽、长二次叶。

（三）防治方法

1. 搞好果园卫生

落叶后至发芽前，先树上、后树下彻底清除病落叶，中深埋或销毁，并在发芽前翻耕果园土壤，促进残碎病叶腐烂分解，铲除病菌越冬场所。

2. 加强栽培管理

增施肥水，合理结果量，促使树势健壮，提高树体抗病能力。科学修剪，特别是及时进行夏剪，使树体及果园通风透光，降低园内湿度，控制病害发生。土壤黏重或地下水位高的果园要注意排水，保持适宜的土壤含水量。

3. 化学防治

化学防治关键是首次喷药时间，应掌握在历年发病前10天左右开始喷药。第一次喷药一般应在5月底至6月上旬进行，以后每10～15天喷药1次，一般年份需喷药3～5次。对于套袋苹果，一般为套袋前喷药1次，套袋后喷药2～4次。在多雨年份或地区还要增喷1～2次。效果较好的内吸治疗性杀菌剂有30%戊唑·多菌灵悬浮剂1 000～1 200倍液、70%甲基托布津可湿性粉剂或500克/升悬浮剂800～1 000倍液、25%戊唑醇水乳剂或乳油2 000～2 500倍液、10%苯醚甲环唑水分散粒剂1 500～2 000倍液、10%己唑醇乳油或悬浮剂2 000～2 500倍液、50%多菌灵可湿性粉剂600～800倍液、60%铜钙·多菌灵可湿性粉剂600～800倍液等。效果较好的保护性杀菌剂有80%代森锰锌可湿性粉剂800～1 000倍液、50%克菌丹可湿性粉剂600～800倍液、77%硫酸铜钙可湿性粉剂600～800倍液及1：（2～3）：（200～240）倍波尔多液等。具体喷药时，第一次药建议选用内吸治疗性药剂，以后保护性药剂与内吸治疗性药剂交替使用。

十五、苹果锈病

（一）病害特征

锈病主要为害叶片，也可为害果实、叶柄、果柄及新梢等绿色幼嫩组织。发病后的主要症状特点是病部橙黄色，组织肥厚肿胀，表面初生黄色小点（性子器），后渐变为黑色，后期病斑上产生淡黄褐色的长毛状物（锈子器）。

叶片受害，首先在叶正面产生有光泽的橙黄色小斑点，后病斑逐渐扩大，形成近圆形的橙黄色肿胀病斑，叶背面逐渐隆起，叶正面外围呈现黄绿色或红褐色晕圈，表面产生橘黄色小粒点，并分泌黄褐色黏液；稍后黏液干涸，小粒点变为黑色；病斑逐渐肥厚，两面进一步隆起；最后，病斑背面丛生出许多淡黄褐色长毛状物。叶片上病斑多时，病叶扭曲畸形，易变黄早落。

　　果实受害，症状表现及发展过程与叶片相似，初期病斑组织呈橘黄色肿胀，逐渐在肿胀组织表面产生颜色稍深的橘黄色小点，渐变黑色，后期在小黑点旁边产生黄色长毛状物。新梢、果柄、叶柄也可受害，症状表现与果实相似，但多为纺锤形病斑（图1-40至图1-44）。

 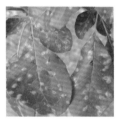 

图1-40　病叶早期 症状　　　　图1-41　病叶中期 症状　　　　图1-42　病叶后期症状

图1-43　果实发病早期症状　　　　图1-44　果实发病后期症状

（二）发生规律

锈病是一种转主寄生型高等真菌性病害，其转主寄主主要为桧柏。桧柏受害，主要在小枝上产生黄褐色至褐色的瘤状菌瘿（冬孢子角）。病菌以菌丝体或冬孢子角在转主寄主上越冬。第二年春天，阴雨后越冬菌瘿萌发，产生冬孢子角及冬孢子，冬孢子再萌发产生担孢子，担孢子经气流传播到苹果幼嫩组织上，从气孔侵染为害叶片、果实等绿色幼嫩组织，导致受害部位逐渐发病。苹果组织发病后，先产生性孢子器（橘黄色小点）及性孢子，再产生锈孢子器（黄褐色长毛状物）及锈孢子，锈孢子经气流传播侵染桧柏，并在桧柏上越冬。该病没有再侵染，一年只发生一次（图1-45、图1-46）。

锈病是否发生及发生轻重与桧柏远近及多少密切相关，若苹果园周围5千米内没有桧柏，则不会发生锈病。在有桧柏的前提下，苹果开花前后降雨情况是影响病害发生的决定因素，阴雨潮湿则病害发生较重。

图1-45　桧柏树上苹果锈菌菌瘿春季露出冬孢子角

图1-46　桧柏树上苹果锈病菌冬孢子角雨后吸湿膨大呈胶质花瓣状

（三）防治方法

1. 消灭或减少病菌来源

彻底砍除果园周围5千米内的桧柏，是有效防治苹果锈病的最根本措施。在不能砍除桧柏的果区，可在苹果萌芽前剪除在桧柏上越冬的菌瘿；也可在苹果发芽前于桧柏上喷洒1次77%硫酸铜钙可湿性粉剂300～400倍液、30%戊唑·多菌灵悬浮剂400～600倍液、3～5波美度石硫合剂或45%石硫合剂晶体30～50倍液，杀灭越冬病菌。

2. 喷药保护苹果

往年锈病发生较重的果园，在苹果展叶至开花前、落花后及落花后半月左右各喷药1次，即可有效控制锈病的发生为害。常用有效药剂有：30%戊唑·多菌灵悬浮剂1 000～1 200倍液、25%戊唑醇水乳剂2 000～2 500倍液、40%腈菌唑可湿性粉剂6 000～8 000倍液、10%苯醚甲环唑水分散粒剂2 000～3 000倍液、12.5%烯唑醇可湿性粉剂2 000～2 500倍液、70%甲基托布津可湿性粉剂或500克/升悬浮剂800～1 000倍液、500克/多菌灵悬浮剂600～800倍液、80%代森锰锌可湿性粉剂800～1 000倍液、50%克菌丹可湿性粉剂600～800倍液等。

3. 喷药保护桧柏

不能砍除桧柏的地区，应对桧柏进行喷药保护。从苹果叶片背面产生黄褐色毛状物后开始在桧柏上喷药，10～15天后再喷洒1次，即可基本控制桧柏受害。有效药剂同苹果上用药。若在药液中加入石蜡油类或有机硅类等农药助剂，可显著提高喷药防治效果。

十六、苹果疫病

（一）病害特征

苹果疫病主要为害果实，也可为害根颈部及叶片。果实受害，多发生于近地面处，初期果面产生边缘不明显的淡褐色不规则形斑块；高温条件下，病斑迅速扩大成近圆形或不规则形，甚至大部或整个果面，淡褐色至褐色腐烂；有时病部表皮与果肉分离，外表似白蜡状；高湿时在病斑表面产生白色棉毛状物，尤其在伤口及果肉空隙处常见。腐烂果实有弹性，呈皮球状，最后失水干缩。根颈部受害，病部皮层变褐腐烂，严重时烂至木质部，高湿时腐烂皮层表面也可产生白色棉毛状物。轻病树，树势衰弱，发芽晚，叶片小而色淡，秋后叶片变紫、早期脱落；当腐烂病斑绕树干一周时，全树萎蔫、干枯而死亡。叶片受害，产生暗褐色、水渍状、不规则形病斑，潮湿时病斑扩展迅速，使全叶腐烂（图1-47、图1-48）。

图1-47 苹果疫病果实受害状

图1-48 苹果疫病根颈部受害状

（二）发生规律

疫病是一种低等真菌性病害，病菌可为害多种植物，主要以卵孢子及厚垣孢子在土壤中越冬，也可以菌丝体随病残组织越冬。生长季节遇降雨或灌溉时，产生病菌孢子，随雨水流淌、雨滴飞溅及流水进行传播为害。果实整个生长期均可受害，但以中后期果实受害较多，近地面果实受害较重。多雨年份发病重，地势低洼、果园杂草丛生、树冠下层枝条郁闭等高湿环境易诱发果实受害；树干基部积水并有伤口时，容易导致根颈部受害。

（三）防治方法

1. 加强果园管理

注意果园排水，及时中耕除草，疏除过密枝条及下垂枝，降低小气候湿度。及时回缩下垂枝，提高结果部位，树冠下铺草或覆盖地膜或果园生草栽培，可有效防止病菌向上传播，减少果实受害。尽量果实套袋，阻止病菌接触及侵染果实。果园内不要种植茄果类蔬菜，避免病菌相互传播、加重发病。及时清除树上及地面的病果、病叶，避免病害扩大蔓延。改变浇水方法，实施树干基部适当培土，防止树干基部积水，可基本避免根颈部受害。

2. 喷药保护果实

往年果实受害较重的果园，如果没有果实套袋，则从雨季到来前开始喷药保护果实，10~15天1次，需喷2~4次。常用有效药剂包括：80%代森锰锌可湿性粉剂600~800倍液、50克菌丹可湿性粉剂600~800倍液、77%硫酸铜钙可湿性粉剂600~800倍液、90%三乙膦酸铝可溶性粉剂600~800倍液、50%烯酰吗啉水分散粒剂1 500~2 000倍液、72%甲霜灵·锰锌可湿性粉剂600~800倍液、72%霜脲·锰锌可湿性粉剂600~800倍液、60%锰锌·氟吗啉可湿性粉剂600~800倍液及1：（2~3）：（200~240）倍波尔多液等。喷药时，应着重喷洒下部果实及叶片，并注意喷洒树下地面。

3.及时治疗根颈部病斑

发现病树后，及时扒土晾晒并刮除已腐烂变色的皮层，然后喷淋药剂保护伤口，并消毒树干周边土壤。同时，刮下的病组织要彻底收集并烧毁，严禁埋于地下。扒土晾晒后要用无病新土覆盖，覆土应略高于地面，避免根颈部积水。根颈部病斑较大时，应及时桥接，促进树势恢复。

十七、苹果紫纹羽病

（一）病害特征

紫纹羽病主要为害根部，多从细支根开始发生，逐渐向上扩展到主根基部及根颈部，甚至地面以上。该病的主要症状特点是：病根表面缠绕有许多淡紫色至紫红色菌丝或菌索，有时在病部周围也可产生暗紫色的厚绒毡状菌丝膜，后期病根表面还可产生紫红色的半球状菌核。病根皮层腐烂，木质部腐朽，但栓皮不腐烂呈鞘状套于根外，捏之易破碎，烂根有浓烈蘑菇味。轻病树，树势衰弱，发芽晚，叶片黄而早落；重病树，枝条枯死，甚至全树死亡（图1-49至图1-52）。

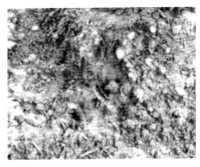

图1-49　病根表面的紫红色菌索　　图1-50　病树基部的暗紫色菌丝膜

图1-51　病树基部的半球状菌核　　　　图1-52　紫纹羽病病树

（二）发生规律

紫纹羽病是一种高等真菌性病害，病菌寄主范围比较广泛，可侵害苹果、梨、桃、枣、槐、甘薯、花生等多种果树、林木及农作物。病菌以菌丝、菌索、菌核在田间病株、病残体及土壤中越冬，菌索、菌核在土壤中可存活5～6年。在果园中，该病主要通过病健根接触、病残体及带菌土壤的移动进行传播；远距离传播主要通过带菌苗木的调运。病菌直接穿透根表皮进行侵染，也可从各种伤口侵入为害。刺槐是紫纹羽病菌的重要寄主，靠近刺槐或旧林地、河滩地、古墓坟场改建的果园易发生紫纹羽病；果树行间间作甘薯、花生的果园容易导致该病的发生与蔓延；地势低洼、易潮湿积水的果园受害严重。

（三）防治方法

1. 注意果园的前作与间作

尽量不要使用旧林地、河滩地、古墓坟场改建果园，必须使用这样的场所时，则应在彻底清除各种病残体的基础上做好土壤消毒处理。方法为：休闲或轮作非寄主植物3～5年，促进土壤中存活的病菌死亡；或夏季用塑料薄膜密闭覆盖土壤，高温闷杀病菌。另外，不要在果园内间作甘薯、花生等紫纹羽病菌的寄主植物，防止间作植物带菌传病。

2.加强栽培管理

增施有机肥、微生物肥料及农家肥，培强树势，促进树体伤口愈合，提高树体抗病能力。病树治疗后及时根部桥接或换根，促进树势恢复；发现病树后，在病树周围挖封锁沟（沟深30～40厘米、沟宽20厘米左右），防止病害蔓延。

3.及时治疗病树

发现病树找到患病部位后，首先，要将病部组织彻底刮除干净，并将病残体彻底清到园外烧毁，然后涂药保护伤口，如2.12%腐殖酸铜水剂原液、77%硫酸铜钙可湿性粉剂100～200倍液、70%甲基托布津可湿性粉剂100～200倍液、45%石硫合剂晶体30～50倍液等；其次，对病树根区土壤进行灌药消毒，效果较好的有效药剂有：45%代森铵水剂500～600倍液、77%多宁可湿性粉剂500～600倍液、50%克菌丹可湿性粉剂500～600倍液、60%铜钙·多菌灵可湿性粉剂500～600倍液等。灌药液量因树体大小而异，以药液将病树主要根区渗透为宜。

十八、煤污病

（一）病害特征

苹果煤污病，在苹果果面形成煤污斑，影响果实外观和商品价值。在苹果生长后期，果面上产生灰褐色至黑褐色污斑，常沿雨水下流方向扩大，形状不规整，为煤污状。仅限于果皮，不深入果肉，用手蘸小苏打水容易擦掉。发生严重时，可布满大部分果面，重者似煤球。此病除为害果实外，还为害枝条和叶片，使表面附着一层煤污状物，形状不规整，影响光合作用（图1-53、图1-54）。

图1-53　果面上产生灰褐色污斑　　　　图1-54　果面上产生黑褐色污斑

（二）发生规律

　　病菌在苹果树的芽、果台和枝条上越冬。翌年病菌的菌丝和孢子借风雨和昆虫传播。果皮表面有糖分渗出时，在果面腐生。黄河故道地区苹果园，6月下旬即可发生；北京地区苹果园，7月中旬以后发病迅速。夏秋季降雨多，树冠郁闭、通风透光不良，果园杂草高，湿度大时，发病较重。

（三）防治方法

　　第一，合理修剪，保持树冠和果园通风透光。夏、秋季果园积水时，要及时排出。果园内生草高时，要及时刈割，用以覆盖树盘。

　　第二，夏季多雨时，结合防治果实轮纹病和褐斑病，喷药兼治本病，或喷100～200倍石灰乳液。

第二章
苹果生理性病害

一、苹果果锈病

苹果果锈主要发生在金冠品种上，所以又称金冠苹果果锈，是沿海和内陆潮湿地区苹果的一种常见生理性病害。

（一）病害特征

果实表皮粗糙，木栓化，呈褐色铁锈状，严重时果皮外观似马铃薯皮。轻者主要分布在果面胴部的中下部，重者布满果面。果个较小，果肉较硬，果实外观和内在品质变劣，商品价值明显降低。套袋的富士苹果，在萼洼或梗洼部位也易于产生成片的果（水）锈（图2-1至图2-5）。

图2-1　果锈病早期症状

图2-2 果锈病中期症状

图2-3 果锈病后期症状

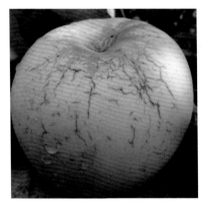

图2-4 梗洼部位症状

图2-5 萼洼部位症状

（二）发病原因

苹果在幼果期，表皮受到不良刺激后，下皮层细胞分裂产生木栓层，使上面角质层龟裂和剥落，木栓化皮层组织外露，形成果锈。致锈的主要时期为落花后10～25天，也有人认为是落花后10～40天之内。这一时期的幼果，如遇到空气湿度过大，或气温急剧变动，连续几天低温高湿、海风或冷风刺激、喷药压力大、喷洒高浓度波尔多液或对果皮有刺激作用的其他农药，均有可能形成或加重果锈。果锈发生的轻重，还与地势、地形、土壤和管理水平等方面，有一定的关系。套袋时所用的果袋抗水能力差，使袋内渗水或破损进水，萼洼或梗洼长时间积水，是套袋果（水）锈发生的常见原因。

（三）防治方法

在果锈发生严重地区，栽植无锈或少锈品种。致锈敏感期不喷波尔多液等对果皮有刺激作用的杀菌、杀虫剂。喷药时，喷头不要离果面太近，不要使喷头孔径和压力过大，以免对果面形成淋洗式刺激。果实落花后，提早在幼果致锈期套袋，对防治果锈有一定效果。

二、苹果水心病

苹果水心病，又称苹果蜜病、苹果糖蜜病，是元帅系苹果常见的生理性病害。

（一）病害特征

苹果水心病的特点是：果肉细胞间隙充满细胞液，局部果肉组织水渍状，半透明，具甜味。因病情轻重不同，病变有以下几种情况：①病变发生在果心中间，以后扩展到整个果心，直至心皮壁。②病变发生在果肉维管束周围。③同时发生在果心和果肉维管束周围。④病害发生在果肉的任何部位，有的可发生在果皮下，从表皮就可以看到皮下果肉呈半透明状，甚至果面溢出黏液。病果因细胞间隙充水，所以果实较重。病果含酸量特别是苹果酸含量较低，有乙醇的积累，味酸甜，略带酒味。后期，病组织腐败，变褐（图2-6、图2-7）。

图2-6　苹果水心病病果　　　　图2-7　苹果水心病内部症状

（二）发病原因

水心病的发生与树势、品种、气候及管理情况有关。偏施氮肥，修剪过重，幼树钙营养不良，发病重；采收期晚，果实过度成熟，树势弱，树冠阳面易受太阳照射的果及大果，发病较多。

（三）防治方法

第一，加强栽培管理，适当修剪；增施复合肥和磷肥；感病品种应适时采收，不要晚采。

第二，苹果落花后3周、5周和采果前10周与8周，各喷1次0.3%～0.5%氯化钙或硝酸钙水溶液。

第三，苹果贮藏前，用4%～6%氯化钙水溶液浸泡5分钟，干后再贮。

三、缩果病

（一）病害特征

缩果病主要在果实上表现明显症状，因发病早晚及品种不同而分为果面干斑和果肉木栓两种类型。

1.果面干斑型

落花后半月左右开始发生，初期果面产生近圆形水渍状斑点，皮下果肉呈水渍状半透明，有时表面可溢出黄色黏液；后期病斑干缩凹陷，果实畸形，果肉变褐色至暗褐色。重病果变小，或在干斑处开裂，易早落。

2.果肉木栓型

落花后20天至采收期陆续发病。初期果肉内产生水渍状小斑点，逐渐变为褐色海绵状坏死，且多呈条状分布。幼果发病，果面凹凸不平，果实畸形，易早落；中后期发病，果形变化较小或果面凹凸不平，手握有松软感。重病果果肉内散布许多褐色海绵状坏死斑块，有时在树上病果成串发生（图2-8至图2-11）。

图2-8　果面干斑型症状　　　　图2-9　果肉木栓型症状

（二）发病原因

缩果病是一种生理性病害，由于硼素供应不足引起。沙质土壤，硼素易流失；碱性土壤硼呈不溶状态，根系不易吸收；土壤干旱，影响硼的可溶性，植株难以吸收利用；土壤瘠薄、有机质贫乏，硼素易被固定。所以，沙性土壤、碱性土壤及易发生干旱的坡地果园缩果病容易发生；土壤瘠薄、有机肥使用量过少、大量元素化肥（氮、磷、钾）使用量过多等，均可导致或加重缩果病发生；干旱年份病害发生较重。

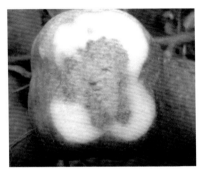

图2-10　病果果肉内海绵状坏死斑块　　　图2-11　病果成串发生

（三）防治方法

1.加强栽培管理

增施农家肥及有机肥，改良土壤，科学施用大量元素化肥及中微量元素肥料，注意果园及时浇水。

2.根施硼肥

结合施用有机肥根施硼肥，施用量因树体大小而定。一般每株根施硼砂50～125克或硼酸20～40克，施硼后立即灌水。

3.树上喷硼

在开花前、花期及落花后各喷施1次，常用优质硼肥有：0.3%硼砂溶液、0.1%硼酸溶液、佳实百800～1 000倍液、加拿枫硼等。沙质土壤、碱性土壤由于土壤中硼素易流失或被固定，采用树上喷硼效果更好。

四、苹果日烧病

（一）病害特征

苹果日烧病主要为害果实，造成果面产生日光烧伤斑。烧伤部位不能正常着色，容易腐烂。夏、秋季，从果实将要着色时开始，在白天强烈阳光照射下，果实肩部或胴部及斜生果迎光面的中下部果面，被烤晒成灰白色圆形或不规整形灼伤斑。西部高海拔地区的果实或套袋果，于13:00～15:00，没有叶幕遮盖的强光照果面，往往2小时就由绿色变成灰白色，不久变成褐色。受害轻时，被烤伤的仅限于果皮表层；受害重时，皮下浅层果肉也变为褐色，果肉坏死，木栓化。在灼伤斑周围，有时有红色晕圈或凹陷。病斑后期也不着色。

苹果枝干上的日烧，主要发生在冬季。枝干在中午至午后的强阳光照射下，浅层皮层失水变成红褐色，局部枯死，成为椭圆形或不规整形烤伤斑。此部位易发生冻害及感染腐烂病和干腐病（图2-12、图2-13）。

图2-12 日烧病果实上的灼伤斑　　图2-13 日烧病果实受害处果肉坏死

（二）发病原因

日烧是由温度和光照两方面因素综合作用所造成的。内陆的山坡、丘陵地果园，夏秋季光照充足，树上外围或内膛枝叶不多，果面易受阳光直接照射，或套袋果接触果袋部位受到光照和烘烤，短时温度高达45℃，局部果皮水分蒸腾加强，严重失水，导致果皮和浅层果肉被烤伤，产生烧伤斑。

（三）防治方法

第一，夏、秋季果实易发生日烧病时，果面喷洒200倍石灰乳（生石灰水），以减少果实表面光照强度和降低果面温度。对易发生日烧的地区和果园，修剪时应适当重剪，以促进发枝，增加外围枝条和叶片数量，提高对果面的覆盖率。

第二，对容易发生日烧的套袋果，套袋时要注意鼓起果袋，使果实处于袋的中间。对早期发生日烧较多的套袋果，套袋前果园应浇透水，提高湿度，或避开幼果时的高温期，适当晚套。

第三，冬季苹果树枝干发生日烧较重的果园，在初冬用白涂剂涂刷主干和大枝中下部。白涂剂配制方法为：生石灰10~12千克，食盐2~2.5千克，大豆浆（粉）0.5~1千克，水36升。配制时，先将生石灰用一部分水化开，再加剩余的水，过滤去掉杂质。然后将其他原料加入过滤的石灰乳中，搅匀待用。有灌水条件的果园，上冻前要灌足封冻水。

五、苹果小叶病（缺锌）

（一）病害特征

苹果小叶病主要表现在新梢和叶片上，春天病枝发芽晚，发叶后叶片异常窄小，质地硬脆，叶缘略向上卷，叶面不平展，叶片黄色，浓淡不匀。长出的新梢节间短，叶片丛生似菊花状，严重时病枝枯死，下部再发新枝，但仍表现相同症状。病枝上不容易形成花芽，开的花小而淡，不易坐果（图2-14、图2-15）。

图2-14　小叶病叶片窄小　　　图2-15　小叶病开的花小而淡

（二）发病原因

苹果树小叶病是由于缺锌引起的。果树缺锌时，色氨酸减少，而色氨酸是合成生长素吲哚乙酸（IAA）的原料，缺锌便会导致生长素的减少，因而影响枝叶生长，出现小叶病现象。

秋季枝条含锌量在28毫克/千克（干重）以下时，则为缺锌；叶片含锌量低于54毫克/千克（干重）时，为缺锌。土壤中缺锌量标准，因品种、土壤酸碱度和测定方法的不同而不同。一般碱性土壤果园缺锌较重，酸性和富含有机质的果园，很少发生缺锌。

（三）防治方法

第一，苹果树开花前，对树上喷洒或对病枝涂抹0.3%硫酸锌加0.3%尿素混合液，半个月后再喷一次。效果显著。

第二，秋季采收果实后，结合施基肥，每株大树用硫酸锌

500～1 000克混入有机肥中，一同施入。施后灌水。

第三，增施农家肥和绿肥，改良土壤。

六、苹果霜环病

（一）病害特征

苹果霜环病仅在果实上表现症状，主要为落花后的幼果期受害。初期幼果萼端出现环状缢缩，不久形成月牙形凹陷斑，并继续发展成围绕果顶的紫红色凹陷斑，其皮下浅层果肉变褐，坏死，木栓化。随着果实的生长，受害果大量脱落，没落的果实至成熟期，萼部周围仍留有环状或不连续环状黑褐色凹陷伤疤（图2-16）。

图2-16　苹果霜环病特征

（二）发病原因

苹果幼果期，一般在落花后7～10天，如遇到3℃以下低温或晚霜幼果可能受害。

（三）防治方法

防治晚霜和花期冻害，可根据天气预报，在果园每隔20～30米放一堆杂草，在气温降至0℃以下时，开始点火，压土熏烟。也可以对树枝喷水，加大热容量，以减轻冻害。

七、苹果苦痘病和痘斑病（缺钙）

（一）病害特征

苹果苦痘病和痘斑病的症状如下。

1. 苦痘病症状

果实近成熟时开始出现症状，贮藏期继续发展。发病初期，以皮孔为中心出现颜色较深的圆斑。圆斑在红色果面上为暗红色，在绿色或黄绿色果面上为浓绿色，四周有红色或绿色晕圈。病斑以果顶和果肩及下部为多。之后，病斑表皮坏死，形成褐色凹陷病斑。病斑下面果肉坏死，变褐，成海绵状，以圆锥形或半圆形深入果肉。

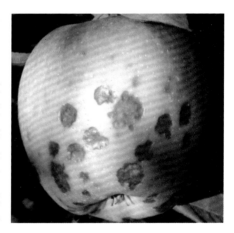

图2-17　苹果肩部病斑

坏死果肉具苦味，严重时皮下5毫米左右深处的果肉不能食用。病斑大小不等，直径由二三毫米至一厘米左右。轻病果上病斑有三五处，重病果上的病斑多达几十处，果面布满坑坑洼洼的斑点。贮藏后期，病组织易被其他真菌腐生，发生腐烂（图2-17至图2-19）。

图2-18　苹果下部病斑

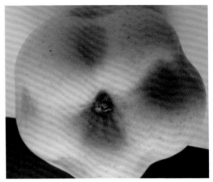

图2-19　苹果表面坑坑洼洼的斑点

2.痘斑病症状

　　苹果痘斑病也是果实近成熟时开始出现症状，贮藏期明显加重。发病部位也是以果顶和果肩部为多，以皮孔为中心，果皮、果肉变褐、坏死，病斑凹陷（图2-20）。

图2-20　苹果痘斑病病果

（二）发病原因

苹果苦痘病和痘斑病，都是由于果实缺钙和钙氮比偏低所引起的。叶片含钙量低于0.5%～0.7%、果实中钙/氮小于1∶10时，容易发病。影响果树缺钙的原因是多方面的，与土壤、气候、施肥、修剪和果实套袋等，都有直接和间接的关系。

坐果后3～6周，是果实吸收钙的高峰期，这期间的吸钙量占全年吸钙量的70%～90%，其余主要是采收前6～8周，此期间如果气候异常或管理不妥，均会加重果实缺钙。

（三）防治方法

1. 加强栽培管理

增施有机肥，避免偏施氮肥。适当轻剪，保持树势中庸。

2. 有效补钙

落花后3～8周喷施0.3%氯化钙或硝酸钙液加0.3%硼砂液。果实补钙选品种时，要明确产品的含钙量。选择可溶性及能成为水溶性离子状态的含钙剂，才能达到真正的补钙效果。纯氯化钙的含钙量为53%，纯硝酸钙的含钙量为19.4%，且均为可溶性离子状态，所以它们是有效补钙的首选品种。二者在国外也广泛应用。

第三章
苹果虫害

一、美国白蛾

美国白蛾属鳞翅目灯蛾科。原产于美国和加拿大,1979年在我国辽宁省丹东地区被首次发现,目前已分布在多个省份。

(一)为害特征

以幼虫群集结网,并在网内取食叶肉,残留表皮。网幕随幼虫龄期增长而扩大,长的可达1.5米以上。4龄后的幼虫分散为害,不再结网。因大龄幼虫食量大,2~3天就可将整株叶片吃光(图3-1至图3-3)。

图3-1 叶片正面为害状

图3-2 叶片背面为害状 　　　　图3-3 美国白蛾严重为害状

（二）形态特征

1. 成虫

体长12~17毫米，翅展30~40毫米，白色。雄虫触角双栉齿状，黑色，越冬代成虫前翅上有较多的黑色斑点，第一代成虫翅面上的斑点较少。雌虫触角锯齿状，前翅翅面很少有斑点（图3-4、图3-5）。

图3-4 美国白蛾雄虫 　　　　图3-5 美国白蛾雌虫

2. 卵

近球形，直径约0.6毫米，初产时淡黄绿色，近孵化时变为灰褐色。常数百粒成块产于叶片背面。单层排列。

3. 幼虫

老熟幼虫体长28～35毫米。体色变化较大，有红头型和黑头型之分，我国仅有黑头型。头黑色具光泽，胸、腹部为黄绿色至灰黑色，背部两侧线之间有一条灰褐色至灰黑色宽纵带，背中线、气门上线和气门下线为黄色。背部毛瘤黑色，体侧毛瘤为橙黄色，毛瘤上生有白色长毛（图3-6）。

图3-6 美国白蛾幼虫

4. 蛹

体长8～15毫米，暗红色，中央有纵向隆脊，臀棘8～17根。

（三）发生规律

美国白蛾在我国一年发生2代，以蛹在枯枝落叶中、墙缝、表土层和树洞等处越冬。翌年5月上旬出现成虫，5月下旬出现幼虫，第一代幼虫发生期在6月中旬至7月下旬，盛期在7月中下旬。这一代的虫口数量不大，从8月上旬开始出现成虫。成虫产卵于叶片上。第二代幼虫发生期在8月中旬至9月中旬。成虫多在17：00~23：00羽化，清晨5：00前后交配。卵块产于叶片背面，每块有卵300~500粒，每头雌虫最高产卵量可达2 000粒。卵期约7天。这一代幼虫数量明显增加，幼虫孵化后不久即吐丝结网，群集网内为害。4龄后分散为害，幼虫期35~42天。幼虫耐饥力很强，龄期越大，耐饥时间越长。7龄幼虫耐饥饿时间最长的可达15天。幼虫老熟后下树寻找适宜场所结薄茧化蛹越冬。在幼虫数量大时，将树木叶片吃光后还可转移到大田取食玉米等作物。

（四）防治方法

1. 加强检疫

美国白蛾以不同虫态附着在苗木、木材、水果及包装物上，通过运输工具进行远距离传播。为防止进一步扩散蔓延，首先要划定疫区，设立防护带。严禁从疫区调出苗木。一旦从疫区调入苗木，要严格进行检疫，发现有美国白蛾要彻底销毁。

2. 人工防治

幼虫期结网为害，很容易被发现。要经常巡回检查果园和果园周围的林地，发现幼虫网幕后摘除烧毁。

3. 化学防治

在幼虫发生期，喷洒25％灭幼脲3号胶悬剂或25％苏脲1号胶悬剂1 000~1 500倍液，青虫菌6号1 000倍液，杀灭幼虫效果很好，且对捕食性和寄生性天敌安全。

二、山楂红蜘蛛

山楂红蜘蛛又叫山楂叶螨，属蛛形纲蜱螨目叶螨科。在我国北方及中、南部各果区都有发生，在山东南部、华北及西北地区发生严重。寄主植物主要有苹果、梨、桃、李、杏和樱桃等果树。

（一）为害特征

以幼螨、若螨和成螨为害叶片。常群集在叶片背面的叶脉两侧，并吐丝拉网，在网下刺吸叶片的汁液。被害叶片出现失绿斑点，甚至变成黄褐色或红褐色，光合作用降低，严重者枯焦，乃至脱落（图3-7、图3-8）。

图3-7　越冬雌成螨为害嫩叶

图3-8　严重为害时结丝拉网

（二）形态特征

1.成螨

雌成螨椭圆形，长约0.54毫米，宽约0.28毫米，深红色。体背前端稍隆起，后部有横向的表皮纹。刚毛较长，基部无瘤状突起。足4对，淡黄色。冬型雌成螨鲜红色，夏型雌成螨初期为红色，以后逐渐变为深红色。雄成螨体长0.43毫米，末端尖削，初期浅黄绿色，后期变为浅绿色，体背两侧各有一个大黑斑（图3-9）。

图3-9　越冬雌成螨

2. 卵

圆球形，淡黄色。

3. 幼螨

3对足。初孵化时体为圆形，黄白色，取食后呈浅绿色。若螨4对足，前期体背开始出现刚毛，体背两侧出现明显的黑绿色斑纹。后期可区分雌雄。

（三）发生规律

山楂叶螨一年发生6～10代，以受精雌成螨在果树主干、主枝的翘皮下或缝隙内越冬。在果树萌芽期，越冬雌成螨开始出蛰，爬到花芽上取食为害，有时一个花芽上有多头害螨为害。果树落花后，成螨在叶片背面为害，这一代发生期比较整齐，以后各代出现世代重叠现象。6—7月高温干旱季节适于叶螨发生，为全年为害高峰期。进入8月，雨量增多，湿度增大，加上害螨天敌的影响，害螨数量有所下降，为害随之减轻。受害严重的果树，一般在8月下旬至9月上旬就有越冬型雌成螨发生，到10月，害螨几乎全部进入越冬场所越冬。

（四）防治方法

1. 农业防治

加强栽培管理，增施有机肥，避免偏施氮肥以提高果树的耐害性。

2. 人工防治

秋季害螨越冬前，在树干中下部绑草把，诱集成螨在此越冬。至冬季或翌年早春，将其解下烧掉，消灭在此越冬的雌成螨。结合果树冬剪，刮除树干或主枝上的翘皮，消灭在此越冬的成螨。

3. 化学防治

化学防治的关键时期，在果树萌芽期和第一代若螨发生期（果树落花后）。常用药剂有50%硫悬浮剂200～400倍液（果树萌芽期），20%四螨嗪悬浮剂3 000倍液，30%腈吡螨酯悬浮剂2 000倍液，15%哒螨灵乳油2 000倍液，1.8%阿维菌素乳油4 000倍液。

4. 保护天敌

果园内自然天敌种类很多，在喷药少的果园，天敌对控制害螨为害起着重要的作用。保护天敌的最好方法，是不用高毒和剧毒农药，尽量减少喷药次数。有条件的地方，还可以释放捕食螨。

三、苹果红蜘蛛

苹果红蜘蛛又叫苹果全爪螨，属蛛形纲蜱螨目叶螨科，是世界性果树害螨。我国大部分苹果产区都有发生，尤以北方及沿海地区发生严重。

（一）为害特征

被害叶片初期出现灰白色斑点，后期叶片苍白，失去光合作用，严重时叶片表面布满螨蜕，远处看去呈现一片苍灰色，但不落叶（图3-10）。

图3-10　苹果红蜘蛛为害叶片状

（二）形态特征

1. 成螨

雌螨体长约0.5毫米，近圆形，体背隆起，表面具明显的白色瘤状突起。体红色，取食后变为深红色。雄螨比雌螨略小，体长约0.3毫米，近卵圆形。身体末端稍尖细，初为橘红色，取食后变深红色。

2. 卵

圆形稍扁，似洋葱，顶端生1根短毛，表面密布纵纹。夏卵橘红色，冬卵深红色（图3-11）。

3. 幼螨、若螨

由卵孵出后称幼螨，体近圆形，背面已出现刚毛。3对足。越冬卵孵出的幼螨呈浅橘红色，取食后变暗红色；夏卵孵出的幼螨体色变化较大，初呈浅黄色或浅绿色，后变为橘红色到深红色。若螨4对足，体背刚毛明显，雌雄可分辨，体色较幼螨深，其他特征似成螨。

在幼螨变为若螨和若螨变为成螨之间，分别有一个和两个不活动的静止期，分别称为第一、第二和第三静止期。静止期螨的跗肢被一层膜状物包被，看上去呈半透明状。静止期螨不食不动，似昆虫的蛹期，蜕皮后进入下一个发育阶段。

图3-11　苹果红蜘蛛越冬卵

（三）发生规律

苹果红蜘蛛在东北、华北及山东苹果产区，一年发生6～7代；在西北一年发生7～9代。以卵密布在短果枝、果台基部、芽周围和一二年生枝条的交接处越冬。翌年春当日平均气温达10℃（苹果花芽膨大）时，越冬卵开始孵化。苹果早熟品种初花期，是越冬卵孵化盛期。越冬卵孵化期比较集中，一般在2～3天内大部分卵已孵化，15天左右可全部孵化完毕。

（四）防治方法

1. 化学防治

喷药关键时期在越冬卵孵化期（早熟品种开花初期）和第二代若螨发生期（苹果落花后）。常用药剂有：20%四螨嗪悬浮剂2 000倍液，15%哒螨灵乳油2 000倍液，30%腈吡螨酯悬浮剂2 000倍液，5%噻螨酮乳油2 000倍液，20%三唑锡悬浮剂1 000倍液，10%浏阳霉素乳油1 000倍液，1.8%阿维菌素乳油5 000倍液。

2. 保护天敌

苹果红蜘蛛的自然天敌很多，主要有深点食螨瓢虫、小黑花蝽、捕食螨等。通过合理施用化学农药，减少对这些天敌的伤害，可发挥天敌的控害作用。

四、苹果小卷叶蛾

苹果小卷叶蛾又叫棉褐带卷蛾，属鳞翅目卷蛾科。国内除云南和西藏外，其他各水果产区都有分布。寄主有苹果、梨、桃、李、杏和山楂等，是果树的一种主要害虫。

（一）为害特征

以幼虫为害叶片和果实。幼虫吐丝将2~3片叶连缀一起，并在其中为害，将叶片吃成缺刻或网状。被害果的表面出现形状不规则的小坑洼，尤其是果、叶相贴时，受害较重（图3-12至图3-15）。

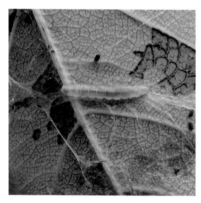

图3-12　幼虫为害苹果叶片

图3-13　幼虫隐蔽为害苹果梢

图3-14　幼虫为害苹果梢放大图

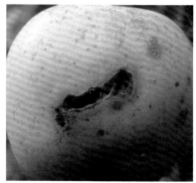

图3-15　幼虫为害果实状

（二）形态特征

1. 成虫

体长6～8毫米，翅展13～23毫米，淡棕色或黄褐色。触角丝状，与体同色。下唇须较长，向前延伸。前翅自前缘向后缘有2条深褐色斜纹，外侧的一条较内侧的细。后翅淡灰色。雄虫较雌虫体小，体色较淡，前翅前缘基部有前缘褶（图3-16）。

2. 卵

扁平，椭圆形，淡黄色。数十粒排列成鱼鳞状卵块（图3-17）。

3. 幼虫

体长13～15毫米。头和前胸背板淡黄色。幼龄幼虫淡绿色，老龄幼虫翠绿色。3龄以后的雄虫腹部第五节背面出现一对黄色性腺。臀栉6～8根。

图3-16　苹果小卷叶蛾成虫

图3-17　苹果小卷叶蛾卵

4. 蛹

体长9～11毫米，黄褐色。腹部第二节至第七节各节背面有两行小刺，后一行较前一行短小而密。臀栉8根。

（三）发生规律

苹果小卷叶蛾在各地的发生代数不同，在辽宁、河北和山西等地一年发生3代，在济南和西安地区发生3～4代，在石家庄和郑州地区发生4代，均以2龄幼虫在果树的剪锯口、树皮裂缝和翘皮下等隐蔽处，结白色薄茧越冬。越冬幼虫于翌年果树发芽后出蛰。出蛰后先爬到嫩芽、幼叶上取食。稍大后吐丝，将几个叶片连缀一起，潜伏其中为害。成虫白天很少活动，常静伏在树冠内膛遮阴处的叶片或叶背上，夜间活动。

（四）防治方法

1. 化学防治

重点抓好萌芽前、越冬代幼虫出蛰期和第1代卵孵化盛期3个时期的防治。果树萌芽前，全园喷1次3°～5°Bé石硫合剂或45%石硫合剂晶体40～60倍液，杀灭残余越冬幼虫。越冬代幼虫出蛰期和第1代卵孵化盛期是药剂防治的关键时期。尤其是第1代幼虫发生期，比较整齐，适时喷药，可有效地减少以后各世代的发生数量，是全年防治的重点时期。有效药剂有1%甲维盐乳油1 500倍液、48%毒死蜱乳油1 000倍液、4.5%高效氯氰菊酯乳油1 200～1 500倍液等。为避免害虫产生抗药性，建议生产上轮换使用。

2. 人工防治

早春刮除树干上和剪、锯口等处的翘皮，消灭其中的越冬幼虫。在苹果树生长季，发现卷叶后及时用手捏死其中的幼虫。

五、苹果黄蚜

苹果黄蚜又叫苹果蚜、绣线菊蚜，属同翅目蚜科。在我国大部分果产区都有分布。寄主有苹果、梨、桃、李、杏、樱桃、山楂、山荆子、海棠和枇杷等果树，以成虫和若虫刺吸新梢和叶片汁液。

（一）为害特征

　　若蚜和成蚜群集在新梢上和叶片背面为害，被害叶向背面横卷。发生严重时，新梢叶片全部卷缩，生长受到严重影响。虫口密度大时，还可为害果实（图3-18至图3-20）。

图3-18　苹果黄蚜为害嫩叶

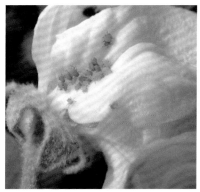

图3-19　苹果黄蚜为害花

图3-20　苹果黄蚜为害嫩果

（二）形态特征

1. 成虫

无翅胎生雌蚜体长约1.5毫米，黄色或黄绿色。头淡黑色，复眼黑色，额瘤不明显，触角丝状。腹管略呈圆筒形，端部渐细，腹管和尾片均为黑色。有翅胎生雌蚜体近纺锤形。头、胸部黑色，头顶上的额瘤不明显，口器黑色，复眼暗红色，触角丝状。腹部绿色或淡绿色，身体两侧有黑斑。两对翅透明。腹管和尾片均为黑色。

2. 卵

椭圆形，长约0.5毫米，初期为淡黄色，后期变为漆黑色，有光泽（图3-21）。

3. 若虫

体鲜黄色，复眼、触角、足和腹管均为黑色。腹部肥大，腹管短。有翅若蚜胸部发达，生长后期在胸部两侧长出翅芽。

图3-21 苹果黄蚜越冬卵

（三）发生规律

苹果黄蚜一年发生10余代，以卵在芽腋、芽旁或树皮缝隙内越冬。翌年果树发芽后，越冬卵开始孵化，若蚜先在芽和幼叶上为害，叶片长大后，蚜虫集中在叶片背面和嫩梢上刺吸汁液。随着气温的升高，蚜虫繁殖速度加快，到5—6月已繁殖成较大的群体，此时有大量新梢受害，被害叶片出现卷曲。

（四）防治方法

1. 保护天敌

苹果黄蚜的天敌很多，主要有瓢虫、草蛉、食蚜蝇和寄生蜂等。这些天敌对蚜虫发生有一定的抑制作用，应注意保护和利用。在北方小麦产区，麦收后有大量天敌（以瓢虫最多）迁往果园，这时在果树上应尽量避免使用广谱性杀虫剂，以减少对天敌的伤害。

2. 人工防治

在春季蚜虫发生量少时，及时剪掉被害新梢，可有效控制蔓延。此法尤其适用于幼树园。

3. 化学防治

在苹果黄蚜发生初期采用用48%噻虫啉悬浮剂8 000倍液、22%螺虫乙酯·噻虫啉悬浮剂4 000倍和22%氟啶虫胺腈悬浮剂8 000倍，防效均不错。

六、苹果瘤蚜

苹果瘤蚜又叫苹果卷叶蚜，属同翅目蚜科。在我国各苹果产区都有分布。寄主植物有苹果、海棠、沙果、梨和山荆子等。

（一）为害特征

蚜虫主要为害新梢嫩叶。被害叶片正面凸凹不平，光合功能降低。受害重的叶片从边缘向叶背纵卷，严重者呈绳状。被害重的新梢叶片全部卷缩，枝梢细弱，渐渐枯死，影响果实生长发育和着色。被害梢一般是局部发生，受害重的树全部新梢被卷害（图3-22）。

图3-22　苹果瘤蚜为害叶及幼果

（二）形态特征

1.成虫

无翅胎生雌蚜，体长约1.5毫米，纺锤形，暗绿色。头部额瘤明显，复眼褐色，触角端部和基部黑色。有翅胎生雌蚜体长约1.6毫米。头、胸部黑色，额瘤明显，复眼、触角均黑色。腹部暗绿色（图3-23）。

图3-23 苹果瘤蚜成虫

2.卵

黑绿色,有光泽。

3.若虫

体小,浅绿色。

(三)发生规律

苹果瘤蚜一年发生10余代,以卵越冬。越冬卵主要分布在1年生枝条上,2年生以上枝条上较少。卵多产在芽的两侧,少数产在短果枝皱痕和芽鳞片上。在苹果发芽至展叶期,越冬卵孵化,孵化期约半个月。苹果瘤蚜的为害对品种有较大选择性,以元帅系品种受害最重,其次为国光、祝光和红玉等品种。

（四）防治方法

防治苹果瘤蚜，应抓紧早期防治，即越冬卵全部孵化之后、叶片尚未被卷之前进行。最佳施药时期是果树发芽后半个月左右，一般在苹果开花前防治完毕。常用药剂有10%吡虫啉可湿性粉剂3 000倍液，3%啶虫脒乳油2 000倍液。

七、苹果绵蚜

苹果绵蚜又叫苹果绵虫，属同翅目绵蚜科。国内仅分布在辽宁、山东、云南和西藏等地的部分苹果栽培区。主要为害枝条、树干和根部。

（一）为害特征

苹果绵蚜集中于剪锯口、病虫伤疤周围、主干、主枝裂皮缝、枝条叶柄基部和根部为害。虫体上覆盖棉絮状物，易于识别。被害枝条出现小肿瘤，肿瘤易破裂。有时果实萼洼、梗洼处也可受害，影响果品质量。根部受害后形成肿瘤，使根坏死，影响根的吸收功能（图3-24至图3-27）。

图3-24　苹果绵蚜聚集在剪锯口

图3-25　苹果绵蚜在枝干疤痕边缘越冬

图3-26　苹果绵蚜为害细枝　　　图3-27　苹果绵蚜为害苹果根
　　　　　　　　　　　　　　　　　　　　蘖苗基部

（二）形态特征

1. 成虫

无翅胎生雌蚜体长约2毫米，红褐色。头部无额瘤，复眼暗红色，触角6节。腹部背面覆盖白色绵毛状物。有翅胎生雌蚜体长较无翅胎生雌蚜稍短。有1对前翅，翅透明，中脉分叉。头、胸部黑色，触角6节。腹部暗褐色，绵毛物稀疏。有性雌蚜体长1毫米左右。头、触角和足均为黄绿色，触角5节。腹部红褐色，稍有绵毛物。

2. 卵

椭圆形，长径约0.5毫米，初产出时为橙黄色，后渐变为褐色。

3. 若虫

体略呈圆筒形，赤褐色，与无翅胎生雌蚜相似，体表覆盖白色棉絮状物。

（三）发生规律

苹果绵蚜在辽宁大连一年发生13代，在山东青岛发生17～18代，在云南昆明可发生21代。均以1、2龄若虫越冬。越冬部位分布在苹果树枝干裂缝、病虫伤疤边缘、剪锯口周围、1年生枝芽侧、根蘖基部和浅土层的根上。

（四）防治方法

1. 加强检疫

严禁从苹果绵蚜疫区调运苹果苗木和接穗，防止苹果绵蚜传入非疫区。如必须从疫区引种苗木或采集接穗时，须经检疫部门检疫后才准予运出。一旦从疫区带进有蚜苗木或接穗，要进行严格的灭蚜处理。如果灭蚜不彻底，要全部销毁。

2. 清除越冬虫源

在苹果树发芽前彻底清除根蘖。刮除枝干上的粗裂老皮，集中烧毁。在发现剪锯口和病虫伤疤处有绵蚜时，用40%氧化乐果乳剂15倍液涂刷，可有效消灭在此越冬的蚜虫。

3. 化学防治

（1）春季灌根。用50%抗蚜威可湿性粉剂3 000倍液分别于4月中旬、4月下旬、5月上旬灌根，每株树用药10千克，灌前先将根部周围的泥土抛开，灌后覆土。

（2）生长季树上防治。用2%阿维菌素乳油1 000倍液或24%螺虫乙酯悬浮剂3 000倍液喷雾防治，发生盛期选用70%噻虫嗪水分散粒剂3 000倍液或10%吡虫啉可湿性粉剂1 000倍液或24%螺虫乙酯悬浮剂1 500倍液等交替喷雾防治。

八、草履蚧

草履蚧又叫草履硕蚧，属同翅目硕蚧科。全国各果树栽培区都有分布。寄主有苹果、梨、桃、李、杏和核桃等果树，以及柳树等林木。以雌成虫和若虫刺吸树体汁液。

（一）为害特征

被害树主干和主枝上常密布大量雌成虫和若虫，虫体分泌白色絮状或粉状物。被害树树势衰弱，叶片生长不良，严重时早期落叶（图3-28、图3-29）。

图3-28 草履蚧在主干上

图3-29 草履蚧为害树干

（二）形态特征

1.成虫

雌雄异型。雌虫扁椭圆形，似鞋底状，长约10毫米，无翅，灰褐色或灰红色，背面隆起，有横皱褶和纵沟，被白色蜡粉。头龟甲状，口器针状，位于腹面两足之间。触角短小，略呈丝状。雄虫体长约5毫米，翅展约10毫米。头、胸部黑色，触角念珠状，各节着生细毛。有一对翅，黑色。腹部紫黑色。

2. 卵

椭圆形，长约1.2毫米，淡黄色，产于卵囊内。卵囊为白色絮状物，长椭圆形。

3. 若虫

与雌成虫相似，唯体小，色较深。

4. 蛹

仅雄虫有蛹。圆筒形，长约5毫米，褐色。外被絮状物。

（三）发生规律

草履蚧1年发生1代，以卵和初孵出若虫在树干基部土里越冬。越冬卵在1—2月孵化。初孵出若虫暂时栖息在卵囊内，果树发芽时爬行上树为害。为害盛期在4—5月。若虫群集在树皮缝、树枝分杈处为害。第一次蜕皮后，开始分泌灰白色蜡质物和黏液。雄虫老熟后在树皮缝或土缝处结茧化蛹，于5月中下旬至6月下旬羽化为成虫。成虫交尾后雄虫死亡。雌成虫继续为害至6月下旬，再陆续下树钻入根颈周围5～10厘米深的土缝中，分泌絮状物做卵囊，产卵其中。卵在卵囊内越夏、越冬。

（四）防治方法

1. 人工防治

在树干基部堆土，可阻止若虫出土。在树干基部绑塑料薄膜，不留缝隙，可阻止若虫上树。

2. 化学防治

在苹果树发芽前若虫开始上树时，喷洒5波美度石硫合剂。在苹果树生长期，可喷布50%敌敌畏乳剂1 000倍液，或20%氰戊菊酯乳剂3 000倍液。5月若虫为害期，在树干上距地面40厘米处刮去10厘米宽的一圈老皮，用40%乐果乳油和水按1∶2的比例配成药液，涂于刮皮处，涂药后用塑料薄膜带包扎好。

3. 保护和利用天敌

草履蚧的主要天敌有黑缘红瓢虫和龟纹瓢虫等。避免在这些天敌活动盛期喷药，是保护天敌的最好方法。

九、天幕毛虫

（一）为害特征

天幕毛虫又称黄褐天幕毛虫、天幕枯叶蛾，在苹果、梨、桃、李、杏、樱桃等果树上均有发生，以幼虫为害叶片。低龄幼虫群集一个枝上或枝杈处吐丝结网，在网内取食为害，将叶片啃食成筛网状；随虫龄增大，叶片被吃成缺刻或只剩主脉或叶柄；5龄后逐渐分散为害。严重时将整株叶片吃光。幼虫多白天群居巢上，夜间取食为害（图3-30、图3-31）。

图3-30　天幕毛虫吞食叶片　　　图3-31　天幕毛虫结网为害状

（二）形态特征

1. 成虫

雌成虫体长18～22毫米，翅展37～43毫米，黄褐色，触角栉齿状；前翅中央有深褐色宽带，宽带两边各有一条黄褐色横线。雄成虫体长15～17毫米，翅展约30毫米，淡黄色，触角羽毛状，前翅具两条褐色细横线（图3-32）。

2. 卵

圆筒形，高约1.3毫米，灰白色，数百粒密集成块在小枝上粘成一圈似"顶针"状（图3-33）。

图3-32　天幕毛虫成虫

图3-33　天幕毛虫卵

3. 幼虫

老熟幼虫体长50～55毫米，体生许多黄白色毛；体背中央有一条白色纵线，其两侧各有一条橙红色纵线；体两侧各有一条黄色纵线，每条黄线上、下各有一条灰蓝色纵线；腹部各节背面具黑色毛瘤数个（图3-34）。

4. 蛹

椭圆形，长17～20毫米，黄褐色至黑褐色（图3-35）。

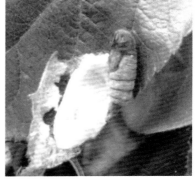

图3-34　天幕毛虫幼虫　　　　　图3-35　天幕毛虫蛹

5. 茧

黄白色，表面附有灰黄色粉。

（三）发生规律

天幕毛虫1年发生1代，以完成胚胎发育的幼虫在卵壳内越冬。翌年春季苹果发芽时，幼虫破壳而出取食嫩芽和嫩叶，然后转移到小枝上或枝杈处吐丝结网，形成"天幕"。1～4龄幼虫白天群集在网幕中，晚间出来取食叶片，5龄幼虫离开网幕分散到全树暴食叶片。幼虫期45天左右，5月中下旬陆续老熟后在叶片上或杂草丛中结茧化蛹，蛹期10～15天。6—7月为成虫盛发期。成虫有趋光性，产卵于当年生小枝上，幼虫胚胎发育完成后不出卵壳即开始越冬。

（四）防治方法

1. 人工防治

结合冬剪，注意剪除小枝上的越冬卵块，集中销毁。生长期结合农事操作，利用低龄幼虫群集结网为害的特性，在幼虫发生为害初期及时剪除幼虫网幕，集中深埋或销毁。已分散的幼虫，也可振树捕杀。有条件的果园，还可在成虫发生前于果园内设置黑光灯或频振式诱虫灯，诱杀成虫。

2. 化学防治

天幕毛虫多为零星发生，一般果园不需单独喷药防治。个别虫量较大的果园，在幼虫发生为害初期及时喷药1次，即可有效控制该虫的发生为害。效果较好的有效药剂同防治"美国白蛾"的有效药剂。

十、康氏粉蚧

康氏粉蚧属同翅目粉蚧科。寄主植物有苹果、梨、桃、李、杏、葡萄和柑橘等多种果树，全国大部分地区都有分布。近年来，在北方苹果产区普遍发生，尤其对套袋果为害严重，损失很大。

（一）为害特征

成虫和若虫均可刺吸果树嫩芽、嫩枝和果实的汁液，以套袋果实受害最重。成虫和若虫群集于果实萼洼处刺吸汁液。被害处出现许多褐色圆点，其上附着白色蜡粉。斑点木栓化，组织停止生长。嫩枝受害后，枝皮肿胀，开裂，严重者枯死（图3-36、图3-37）。

图3-36 康氏粉蚧为害果实　　　图3-37 康氏粉蚧为害嫩枝

（二）形态特征

1.成虫

雌成虫无翅，体长3～5毫米，略呈椭圆形，扁平，粉红色。体节明显，体外被白色蜡粉，体侧缘有17对白色蜡刺，腹部末端的1对蜡刺特别长，几乎与体等长，形似尾状。雄成虫体长约1毫米，紫褐色，有翅1对，透明，后翅退化。

2.卵

椭圆形，长约0.3毫米，淡黄色，数十粒排列成块状，表面覆盖一层白色蜡粉。

3.若虫

初孵若虫淡黄色，椭圆形，扁平，形似雌成虫。

4.蛹

只有雄虫有蛹期。蛹体长约1.2毫米，紫褐色，裸蛹。

（三）发生规律

康氏粉蚧一年发生3代，以卵在树干翘皮下、树皮缝隙内越冬（图3-38）。翌年春苹果树发芽后，越冬卵孵化为若虫。若虫刺吸嫩芽和嫩枝。第一代若虫发生盛期在5月下旬至6月上旬，第二代发生在7月下旬至8月上旬，第三代在9月上旬。若虫发育期为30~50天。雌若虫成熟后蜕皮变成成虫，静候雄虫交尾；雄若虫成熟后化蛹，成虫羽化后寻找雌虫交尾。交尾后的雌成虫爬到树干粗皮裂缝或果实萼洼处产卵。成虫产卵时分泌大量棉絮状蜡质物，产卵其中。若虫孵化后爬行分散到嫩枝和果实上为害，老熟后变为成虫。成虫继续产卵发生下一代。最后一代的成虫寻找适当场所产卵，以卵越冬。在枝条上为害的若虫和在无套袋果实上为害的若虫，喷药时易杀死，而在果实套袋时将若虫套在果袋内，则若虫得以在此生长发育，造成果实严重受害。因此，尤其要注意果实套袋前的防治。

图3-38　康氏粉蚧越冬

（四）防治方法

1. 人工防治

结合果树冬剪，刮除树干翘皮，消灭越冬卵。在秋季成虫产卵期，往树干上束草把，诱集成虫前来产卵，冬季解下烧掉，可消灭在此越冬的虫卵。

2. 化学防治

在果树发芽前，结合防治蚜虫，全树喷一次40%乐果乳油1 000倍液，或10%吡虫啉可湿性粉剂3 000倍液。在果实套袋前，往树上喷药一次，消灭果实上的若虫。如果已将若虫套入袋内，需解袋治虫后再重新套上。

十一、黄刺蛾

黄刺蛾幼虫俗称洋辣子，是果树的常见害虫，属鳞翅目刺蛾科。其身体上的枝刺含有毒物质，触及人体皮肤时，会发生红肿，疼痛难忍。

（一）为害特征

以幼虫为害叶片。低龄幼虫啃食叶片的表皮和叶肉，使被害叶呈网状。幼虫长大后将叶片吃成缺刻，有时仅残留叶柄，严重影响树势（图3-39、图3-40）。

（二）形态特征

1. 成虫

体长13 ~ 16毫米，翅展30 ~ 40毫米。体粗壮，鳞毛较厚。头、胸部黄色，复眼黑色。触角丝状，灰褐色。下唇须暗褐色，向上弯曲。前翅自顶角分别向后缘基部1/3处和臀角附近分出两条棕褐色细线，内侧线以内至翅基部黄色，并有2个深褐色斑点。中室以外及外侧线黄褐色。后翅淡黄褐色，边缘色较深。

图3-39　黄刺蛾成虫

图3-40　黄刺蛾幼虫

2. 卵

扁椭圆形，长约1.5毫米，表面具线纹。初产出时黄白色，后变为黑褐色。常数十粒排列成不规则块状。

3. 幼虫

初孵出幼虫黄绿色。老熟时体长约25毫米。头小，淡褐色。胸部肥大，黄绿色。身体略呈长方形，体背面自前至后有一个前后宽、中间窄的大型紫褐色斑块，低龄幼虫的斑纹蓝绿色。各体节有4个枝刺，腹部第一节的枝刺最大。胸足极小，腹足退化。

4. 蛹

椭圆形，粗而短，长约10毫米，黄褐色。

5. 茧

灰白色，表面光滑，有几条长短不等或宽或窄的褐色纵纹，外形极似鸟蛋。

（三）发生规律

黄刺蛾在东北和华北地区，1年发生1代，在山东发生1~2代，在河南、江苏和四川等地发生2代。以老熟幼虫在树干或枝条上结茧越冬。卵多产于叶背，排列成块，偶有单产。初孵出的幼虫有群集性，多聚集在叶背啃食叶肉，稍大后逐渐分散取食。幼虫长大后，食量大增，常将叶片吃光。

（四）防治方法

1. 人工防治

结合果树冬剪，彻底清除越冬虫茧。在发生量大的果园，还应在周围的防护林上清除虫茧。夏季结合果树管理，人工捕杀幼虫。

2. 化学防治

防治的关键时期是幼虫发生初期。可选择下列药剂予以喷杀：4.5%高效氯氰菊酯1 500~2 000倍液、25%灭幼脲悬浮剂2 000倍液、1.8%阿维菌素3 000~4 000倍液。

十二、金纹细蛾

金纹细蛾又叫苹果细蛾，属鳞翅目细蛾科。分布在辽宁、河北、山东、山西、陕西、甘肃和安徽等地果产区。寄主有苹果、海棠、梨、山荆子和李等果树。

（一）为害特征

幼虫潜于叶内取食叶肉。被害叶片上形成椭圆形的虫斑，表皮皱缩，呈筛网状，叶面拱起。虫斑内有黑色虫粪。虫斑常发生在叶片边缘，严重时布满整个叶片（图3-41）。

图3-41　金纹细蛾为害叶片状

（二）形态特征

1. 成虫

体长2.5～3毫米，翅展6.5～7毫米，全身金黄色，其上有银白色细纹。头部银白色，顶端有两丛金黄色鳞毛。复眼黑色。前翅金黄色，自基部至中部中央有1条银白色剑状纹，翅端前缘有4条、后缘有3条银白色纹，呈放射状排列。后翅披针形，缘毛很长（图3-42）。

3. 卵

扁椭圆形，乳白色，半透明，有光泽（图3-43）。

2. 幼虫

体长约6毫米，细纺锤形，稍扁，各体节分节明显。幼龄时淡黄绿色，老熟后变为黄色（图3-44）。

4. 蛹

体长约4毫米，梭形，黄褐色（图3-45）。

图3-42 金纹细蛾成虫

图3-43 金纹细蛾卵

图3-44 金纹细蛾幼虫

图3-45 金纹细蛾蛹

（三）发生规律

金纹细蛾在辽宁、山东、河北、山西和陕西等地，1年发生5代，在河南省中部地区发生6代，以蛹在被害叶片中越冬。翌年苹果树发芽时出现成虫。在辽宁苹果产区，越冬代成虫发生始期在4月中旬，4月下旬为发生盛期。成虫多在早晨和傍晚前后活动，产卵于嫩叶背面，单粒散产。成虫产卵对苹果品种有一定的选择性，国光、富士和新红星着卵率较高，金冠和青香蕉着卵率低。幼虫孵化后，从卵与叶片接触处咬破卵壳，直接蛀入叶内为害。幼虫一生在被害叶片内生活，老熟后在虫斑内化蛹。成虫羽化时将蛹壳一半露出虫斑外面。以后各代成虫发生盛期：第一代为5月下旬至6月上旬；第二代为7月上旬；第三代为8月上旬；第四代为9月中下旬。最后一代的幼虫于10月中下旬，在被害叶的虫斑内化蛹越冬。

（四）防治方法

1. 人工防治

结合果树冬剪，清除落叶，集中烧毁，消灭越冬蛹。

2. 化学防治

第1、2代幼虫发生比较整齐，是防治的关键时期，在卵盛期至低龄幼虫发生期喷药防治，药剂可选用昆虫生长调节剂25%灭幼脲3号悬浮剂2 000倍液、20%杀铃脲悬浮剂8 000倍液、1.8%阿维菌素乳油3 000～4 000倍液等。发生严重的果园每隔20天左右喷1次药，连续喷2～3次，可有效控制其发生危害。同时，应减少有机磷等广谱性农药的使用，可有效保护天敌。

3. 生物防治

金纹细蛾的寄生性天敌很多。其中以金纹细蛾跳小蜂数量最多，其发生代数和发生时期与金纹细蛾相吻合，产卵于寄主卵内，为卵和幼虫体内的寄生蜂，应加以保护和利用。

十三、梨剑纹夜蛾

梨剑纹夜蛾属鳞翅目夜蛾科，在我国各果区都有分布。寄主有苹果、桃、李、杏、梨、梅和山楂等果树，以及杨与柳等林木，还可为害大豆和蔬菜等农作物。

（一）为害特征

以幼虫食害叶片。幼虫将叶片吃成孔洞或缺刻，甚至将叶脉吃掉，仅留叶柄（图3-46、图3-47）。

图3-46　梨剑纹夜蛾啃食叶片　　　图3-47　梨剑纹夜蛾严重为害状

（二）形态特征

1. 成虫

体长约14毫米，头、胸部棕灰色，腹部背面浅灰色带棕褐色。前翅有4条横线，基部2条色较深，外缘有一列黑斑，翅脉中室内有1个圆形斑，边缘色深。后翅棕黄至暗褐色，缘毛灰白色。

2. 卵

半球形，乳白色，渐变为赤褐色。

3. 幼虫

体长约33毫米，头黑色，体褐色至暗褐色，具大理石样花纹，背面有一列黑斑，中央有橘红色点。各节毛瘤较大，其上生褐色长毛。

4. 蛹

体长约16毫米，黑褐色。

（三）发生规律

梨剑纹夜蛾1年发生3代，以蛹在土中越冬。越冬代成虫于翌年5月羽化，成虫有趋光性，产卵于叶背或芽上。卵呈块状，卵期9~10天。6—7月为幼虫发生期，初孵出幼虫稍停片刻即将卵壳吃掉，然后取食嫩叶。幼虫早期群集取食，后期分散为害。6月中旬即有幼虫老熟。老熟幼虫在叶片上吐丝结黄色薄茧化蛹。蛹期10天左右。第一代成虫在6月下旬发生，仍产卵于叶片上。卵期约7天，幼虫孵化后为害叶片。8月上旬出现第二代成虫，9月中旬幼虫老熟后入土结茧化蛹。

（四）防治方法

1. 人工防治

早春翻树盘，消灭越冬蛹。用糖醋液或黑光灯诱杀成虫。

2. 化学防治

防治时期是各代幼虫发生初期。可喷布2.5%溴氰菊酯乳油6 000倍或20%甲氰菊酯乳油2 000倍液。

十四、绿盲蝽

绿盲蝽属半翅目盲蝽科，是近年来为害果树的主要害虫。全国各果产区都有发生，寄主有苹果、桃、李、杏、樱桃和葡萄等果树及棉花等多种农作物。

（一）为害特征

以若虫和成虫刺吸果树嫩叶和幼果的汁液。被害叶片生长畸形，被害处逐渐穿孔，使叶片支离破碎。果实被害处停止生长，出现洼陷斑点或斑块（图3-48至图3-51）。

图3-48　若虫为害苹果新梢

图3-49　若虫严重为害苹果梢

图3-50　幼虫早期为害幼果状

图3-51　苹果幼果受害状

（二）形态特征

1. 成虫

体长5～5.5毫米，雌成虫比雄成虫稍大，黄色至浅绿色。体被细毛。触角4节，比身体略短。前胸背板有微小刻点。小盾片和前翅革质部分绿色，前翅膜质部分暗灰色。

2. 卵

长茄形，初产时白色，以后变成淡黄色，上端有乳白色卵盖。

3. 若虫

初孵出的若虫体粗短，取食后为绿色或黄色。5龄若虫鲜绿色，触角淡黄色，末端颜色稍深。

（三）发生规律

绿盲蝽一年发生4～5代，以卵在果树枝条的芽鳞内或果园以外的杂草上越冬。第二年3月下旬或4月初，越冬卵孵化为若虫。在果树上的若虫先为害花器和嫩叶，约在5月上中旬出现第一代成虫。成虫继续为害果树嫩梢叶片和幼果，此时被害果树出现大量被害叶片和被害果。被害叶逐渐出现穿孔，呈破碎状；被害果的被害处生长缓慢，不久即凹陷并变深绿色。约在5月下旬至6月上旬，成虫陆续转移到果园以外的寄主植物上为害。到了秋后，有一部分成虫到果树上产卵越冬。成虫善飞和跳跃，若虫爬行迅速，受惊动立即逃逸。

（四）防治方法

1. 人工防治

清除果园内及其周围的杂草，能消灭在此越冬的虫卵。

2. 化学防治

防治的关键时期，在越冬卵孵化期和若虫发生期。一般在果树落花后，结合防治其他害虫喷药防治。常用药剂有10%吡虫啉乳油1 000倍液、35%啶虫脒乳油3 500倍液、2.5%高效氯氟氰菊酯微乳剂2 000倍液、20%氰戊菊酯乳油20 000倍液、2%阿维菌素乳油2 000～3 000倍液等。

十五、桃小食心虫

桃小食心虫又叫桃蛀果蛾，属鳞翅目蛀果蛾科。全国落叶果树栽培区都有分布，北方果区发生严重。寄主有苹果、海棠、沙果、梨、李、杏、山楂和枣等，苹果和枣受害最重。

（一）为害特征

桃小食心虫以幼虫蛀果为害。果实被害后，在果面出现针头大小的蛀果孔，由此流出珠状汁液。汁液干后呈白色蜡状物，蛀孔变褐呈点状。幼虫在果内串食，虫粪留在果内。果实内成豆沙馅状。被害果生长发育不良，形成凹凸不平的猴头果。后期被害的果实，果形变化不大。大多数被害果都有圆形脱果孔，老熟幼虫由此脱果。脱果孔常有少量虫粪，并有丝相连。前期的被害果不能食用（图3-52）。

图3-52 桃小食心虫为害果实成凹凸不平的猴头果

（二）形态特征

1. 成虫

体长约7毫米，灰褐色。触角丝状。雌虫下唇须较长，向前伸直。雄虫下唇须短小，向上弯曲。前翅近中部靠前缘有一个蓝黑色近似三角形的大斑。后翅灰色（图3-53）。

2. 卵

椭圆形，长约0.4毫米。初产出时橙黄色，后渐变为深红褐色。顶部环生三圈"Y"字状刺。

3. 幼虫

初孵出的幼虫黄白色。老熟幼虫桃红色，腹面色较淡，头和前胸背板褐色或暗褐色，体长约12毫米。腹足趾钩单序环状。腹部末端无臀栉（图3-54）。

图3-53　桃小食心虫成虫

图3-54　桃小食心虫幼虫

4. 蛹

长约7毫米，黄白色至黄褐色，羽化前变为灰黑色。

5. 茧

分冬茧和夏茧。冬茧圆形，稍扁，长约6毫米，质地紧密。夏茧纺锤形，长约13毫米，质地疏松。虫茧表面粘有土粒。

（三）发生规律

桃蛀果蛾在我国一年发生1~3代，在各地的发生代数为：甘肃、宁夏一年发生1代；吉林、辽宁、河北、山西、陕西等地一年发生1~2代；山东、江苏、河南一年发生3代。以老熟幼虫在土中越冬，大部分幼虫分布在3~6厘米深的土层内。越冬幼虫的分布受地面环境的影响较大。地面平坦，无杂草、石块时，幼虫多集中在主干周围；地面有杂草或石块时，幼虫则分散在整个树盘的范围内。

在苹果落花后半个月左右，越冬幼虫开始出土。此时如果遇上降雨，幼虫会连续出土。

（四）防治方法

1. 人工防治

实行果实套袋，既能防止病虫为害，又能增加果实光洁度。在未套袋果园，于被害果落地时，经常拾取落果或摘除树上的虫果，集中处理，能减少虫源。

2. 化学防治

①树下防治：桃小食心虫越冬幼虫大部分集中在树干周围1米半径内的土壤中越冬，越冬幼虫出土盛期在土壤表面喷洒药剂或洒一层药土，就能有效的防治出土幼虫。具体方法：50%辛硫磷乳油500毫升、细土15~25千克混拌匀，均匀洒在树干周围1米半径内，药土和表土拌匀；50%辛硫磷乳油兑水300倍液，喷洒在树干周围1米半径内，土表湿润2厘米左右，上面覆一层薄土，防止辛硫磷见光分解，15天后再处理1次。桃小食心虫发生严重的果园6月中旬开

始每隔15天处理1次，共处理3次。②树上喷药。化学药剂防治害虫的关键是喷药时间，一般在成虫高峰期和卵孵化期。6月中下旬开始及时做好虫卵的调查，当卵果率达到1%～2%，同时达到桃小食心虫成虫发生高峰期时，立即喷药防治，根据卵果率、成虫高峰期的出现状况，确定喷药时间和喷药次数，每次喷药间隔10～15天。防治药剂要有良好的触杀性和杀卵效果，常用的药剂有：2.5%高效氯氟氰菊酯4 000～5 000倍液、20%灭幼脲1 200～1 600倍液、48%毒死蜱2 000～3 000倍液、1%高氯甲维盐2 000～2 500倍液等。

十六、梨小食心虫

梨小食心虫俗称梨小，属鳞翅目小卷蛾科。我国大部分落叶果树栽培区都有分布。寄主有苹果、梨、桃、李、杏和樱桃等，是果树的主要害虫。梨小食心虫以幼虫为害果树的新梢或果实，因寄主和发生季节不同，为害部位也有不同。在桃、李、杏和樱桃上，主要为害新梢，有时也为害果实；在梨和苹果树上，主要为害果实。

（一）为害特征

果实被害后，被害果蛀孔不明显，幼虫在果核周围蛀食，并排粪于其中，形成"豆沙馅"。有时果面有虫粪排出。被害果易脱落（图3-55）。

（二）形态特征

1.成虫

体长6～7毫米，翅展13～14毫米，体灰褐色。触角丝状。前翅前缘有8～10条白色斜纹，外缘有10个小黑点，翅中央偏外缘处有1个明显的小白点。后翅暗褐色，基部颜色稍浅（图3-56）。

图3-55　梨小食心虫为害苹果梢　　　　图3-56　梨小食心虫成虫

2. 卵

长约2.8毫米，扁椭圆形，中央稍隆起，初产时乳白色，半透明，后渐变成淡黄色。

3. 幼虫

低龄幼虫头和前胸背板黑色，体白色。老熟幼虫体长10~14毫米，头褐色，前胸背板黄白色，体淡黄白色或粉红色，臀板上有深褐色斑点。足趾钩单序，环状，细长，腹足趾钩30~40个，臀足趾钩20~30个。腹部末端的臀栉4~7根（图3-57）。

图3-57　梨小食心虫幼虫

4. 蛹

体长约7毫米，长纺锤形，黄褐色，腹部第三至第七节背面各有2行短刺。蛹外包有白色丝质薄茧。

（三）发生规律

梨小食心虫在辽宁、河北和山西一年发生3～4代；在山东、河南、安徽、江苏和陕西一年发生4～5代；在四川一年发生5～6代；在江西、广西壮族自治区一年发生6～7代。均以老熟幼虫在树干、主枝和根颈等部位的粗皮缝隙内、落叶或土中结茧越冬。因各地气候条件不同，越冬代成虫的发生期也不相同。在华北、山东、陕西等地，幼虫于4月上旬开始化蛹，越冬代成虫发生期在4月下旬至6月中旬，第一代成虫发生期在5月下旬至7月上旬。第一代卵期为7～10天，幼虫期为15～20天，蛹期为10～15天。在核果类和仁果类果树混栽的果园，前期发生的幼虫主要为害新梢，后期发生的幼虫主要为害梨或苹果的果实。故在仁果和核果类果树混栽或毗邻的果园，梨小食心虫发生严重。

（四）防治方法

1. 人工防治

在果实采收前，在树干上束草把，能诱集脱果幼虫在此越冬，待到冬季解下草把烧掉。此法还可用以消灭山楂叶螨越冬雌成螨和卷叶虫越冬幼虫。结合果树冬剪，刮除树干和主枝上的翘皮，消灭在树皮缝隙中越冬的幼虫。同时清扫果园中的枯枝落叶，集中烧掉或深埋于树下，消灭越冬幼虫。及时拾取落地果实，集中深埋，切忌堆积在树下。

2. 梨小食心虫迷向丝

梨小食心虫迷向丝是一种新型生物技术产品，是把昆虫性诱剂集中在一根很短的丝状物内，在春季害虫出蛰羽化之前绑缚在树枝上，释放出超高浓度的性信息素，来掩盖雌性成虫的位置，误导雄性成虫难以找到雌性成虫，吸引并干扰昆虫雌雄的交配，使大多数雌虫不能产卵，大大减少幼虫的数量，使有效虫卵大幅度减少，直接导致虫口密度下降，减轻对果树的危害，以此达到防治的目的。每棵树挂1~2根（根据亩株数的多少和树体的大小而定）。迷向丝的防治有效期为100天，严重的地区可放置两批，第二批大约在7月中下旬，防效在90%以上。

3. 化学防治

化学防治的关键时期，是各代卵发生高峰期和幼虫孵化期。由于不同地区或不同果园的成虫发生时期不同，所以最好用糖醋液或性外激素诱捕器，监测成虫发生期。当诱捕器上出现成虫高峰期后2~3天，即是卵高峰期和幼虫孵化始期，此时喷药效果最好。可选择以下药剂喷雾：4.5%高效氯氰菊酯乳剂2 000倍液、20%氰戊菊酯乳剂2 000倍液、10%甲氰菊酯乳油2 000倍液、25%灭幼脲悬浮剂1 500倍液，受害严重的果园每隔10~15天喷药1次。

十七、金毛虫

（一）为害特征

金毛虫在苹果、梨、桃、李、杏、樱桃、山楂等果树上均有发生，以幼虫主要为害叶片及花器。低龄幼虫啃食叶片下表皮和叶肉，残留上表皮和叶脉，被害叶呈网状；老龄幼虫将叶片蚕食成缺刻，严重时仅留主脉和叶柄。花器受害，花瓣被取食成缺刻，甚至取食花丝、柱头等，被害花不能坐果（图3-58、图3-59）。

图3-58　金毛虫为害叶片

图3-59　金毛虫为害花叶

（二）形态特征

1.成虫

体白色，复眼黑色；雌蛾体长14～18毫米，翅展36～40毫米，前翅近臀角处有一褐色斑纹；雄蛾体长12～14毫米，翅展28～32毫米，前翅近臀角处和近基角的斑纹为褐色。

2.卵

扁圆形，直径0.6～0.7毫米，初产时橘黄色或淡黄色，后颜色逐渐加深，孵化前为黑色，常数十粒排列成长袋形卵块，表面覆有雌蛾腹末脱落的黄毛。

3.幼虫

体长26～40毫米，头黑褐色，体黄色，背线红色，亚背线、气门上线和气门线黑褐色，前胸背板有2条黑色纵纹；前胸的1对大毛瘤和各节气门下线及第九腹节的毛瘤为红色，其余各节背面的毛瘤为黑色绒球状。

4. 蛹

长圆筒形，长9～11.5毫米，棕褐色。

5. 茧

长椭圆形，长13～18毫米，较薄。

（三）发生规律

金毛虫1年发生2代，以3龄幼虫在枝干粗皮裂缝内及落叶中结茧越冬。翌年果树发芽时越冬幼虫开始破茧出蛰，为害嫩芽和叶片。5月中旬后幼虫陆续老熟，在树皮缝内吐丝结茧化蛹。蛹期半月左右，6月中下旬出现成虫。成虫昼伏夜出，有趋光性，羽化后不久即交尾、产卵。卵多成块状产于叶背或枝干上，卵期7天左右。初孵幼虫群集叶片上啃食叶肉，2龄后逐渐分散为害，至7月中下旬老熟、化蛹。7月下旬至8月上旬发生第一代成虫。8月中下旬发生第二代幼虫，为害至3龄左右时寻找适当场所结茧、越冬。

（四）防治方法

1. 人工防治

发芽前刮除枝干粗皮、翘皮，清除果园内枯枝落叶，集中销毁或深埋，消灭越冬幼虫。生长期结合农事活动，尽量剪除卵块、摘除群集幼虫。在幼虫越冬前于树干上捆绑草把等，诱集越冬幼虫，待进入冬季后集中取下、烧毁。

2. 化学防治

金毛虫多为零星发生，一般不需单独喷药防治。个别发生较重果园，春季幼虫出蛰后和各代幼虫孵化期是化学防治的关键期，每期喷药1次即可。常用有效药剂同"美国白蛾"有效药剂。

十八、角斑古毒蛾

角斑古毒蛾又叫赤纹毒蛾，属鳞翅目毒蛾科。主要分布于我国东北、华北和西北地区，是为害果树花芽和叶片的常见害虫。

（一）为害特征

幼虫为害花芽基部，吃成小洞，造成花芽枯死。叶片被害后，仅留下叶脉或叶柄。幼虫还可为害果实。被害果被咬成许多小洞，容易落果（图3-60）。

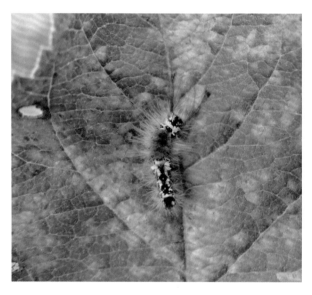

图3-60　角斑古毒蛾为害叶片状

（二）形态特征

1.成虫

雌虫体长10～12毫米，长椭圆形，灰黄色。翅退化，只留痕迹。

体上有深灰色短毛和黄白色绒毛。触角丝状。雄虫体长8～10毫米，灰褐色。触角羽状。前翅红褐色，翅前缘中部有白色鳞毛，近顶角处有一黄色斑，后缘角有一新月形白斑（图3-61）。

2. 卵

长约0.8毫米，近似馒头形，顶部凹陷，灰黄色。

3. 幼虫

体长约40毫米，头部灰黑色，上生细毛。体黑色，被黄色和黑色毛，亚背线有白色短毛，体两侧有黄褐色纹。前胸两侧和腹部第八节背面两侧各有一束黑色长毛，第一至第四腹节背面中央，各有一黄灰色短毛刷。

4. 蛹

雌蛹体长约11毫米，灰色。雄蛹黑褐色，腹部黄褐色，末端有长突起。蛹外包有幼虫体毛和其他杂物织成的丝质松散型虫茧（图3-62）。

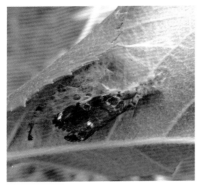 

图3-61　角斑古毒蛾雄成虫　　　　图3-62　丝质松散型虫茧

（三）发生规律

角斑古毒蛾在东北地区1年发生1代，在中部地区1年发生2代，均以幼龄幼虫在枝干粗皮缝、翘皮下和土中越冬。在发生1代的地区，越冬幼虫在苹果树发芽后出蛰活动，上树为害嫩芽和幼叶，随着幼虫的生长，它的食量增加，可将全叶吃光。幼虫老熟后在被害叶上吐丝做茧化蛹，有的在枝杈和树干上做茧化蛹。蛹期1周左右。越冬代成虫发生期在7月。雌成虫羽化后静候在茧里，雄成虫白天飞翔，与雌虫交尾。雌虫将卵产于茧内或茧附近，卵成块状。每块卵有170～450粒。卵块上覆盖雌虫体毛。卵期14～20天。幼虫孵出后继续为害叶片，经2次蜕皮后陆续进入越冬场所。在发生2代的地区，幼虫于苹果树发芽后出蛰上树为害。越冬代成虫发生期在6月。六七月间为第一代幼虫为害期，第一代成虫发生期在8月。8月下旬至9月上旬为第二代幼虫为害期。9月下旬以后，幼虫陆续进入越冬场所。

（四）防治方法

1.人工防治

在成虫发生期巡回检查，发现卵块及时消灭。

2.化学防治

在苹果树发芽后和开花前，结合防治梨叶斑蛾、卷叶虫等害虫，一并兼治。

参考文献

曹克强，王树桐，王勤英. 2018. 苹果病虫害绿色防控彩色图谱[M]. 北京：中国农业出版社.

曹克强. 2012. 主要农作物病虫害简明识别手册·苹果分册[M]. 石家庄：河北科学技术出版社.

江柱，解金斗，王鹏宝. 2011. 苹果高效栽培与病虫害看图防治[M]. 北京：化学工业出版社.

李金章. 2015. 苹果病虫害防治技术[M]. 兰州：甘肃科学技术出版社.

张永平. 2018. 苹果栽培技术[M]. 昆明：云南科技出版社.